BRAIN DRIVEN パフォーマンスが高まる脳の状態とは

原来每个人
都说自己
压力
好大

[日] 青砥瑞人 著

郭勇 译

CS 湖南文艺出版社
PUBLISHING HOUSE
★ ★ ★ ★ ★ ★ ★　HUNAN LITERATURE AND ART PUBLISHING HOUSE

博集天卷
CS-BOOKY

原来
每个人都说
自己压力好大

人脑不可思议，且充满魅力。

人脑拥有伟大的能力和无限的可能性。

我们人类的大脑还隐藏着很多很多未知的能力。人脑就好比一个蕴藏无限可能的宝库，我们对它了解得越多，就越能感受到它的魅力。

了解我们的大脑，可以帮我们更加深入地理解人性，包括理解自己，从而为我们的人生增智添慧。

话虽如此，但也不等于说，了解了大脑就可以完全理解人性。毕竟，人只有大脑也无法生存。

大脑，是人体"神经系统"的一部分，也是一个人所处生活"环境"的一部分。"环境"由无数因素构成，"神经系统"遍布全身，而我们需要在充分把握"环境"和"神经系统"的前提下来研究人脑，这样才能真正探索出人脑的功能和作用。

● "应用神经科学"是帮助我们理解人性和日常生活智慧的科学

　　"神经科学"是从细胞、分子层面研究神经系统的科学。它是一门非常新的学科。通过图 1，大家可以看出，2010 年之后，该学科的论文数量才呈现出急剧增长的态势。

图 1　神经科学论文数量的变化情况

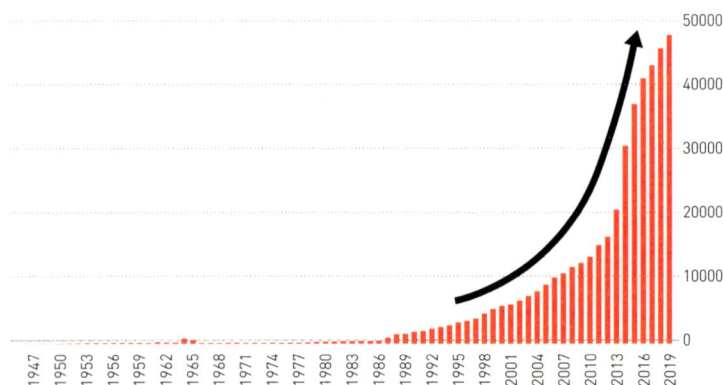

　　本图表根据 National Center for Biotechnology Information Search database 的 PubMed 中 "Neuroscience" 的论文检索数量制作而成。

长久以来，人类的神经系统被认为是一个神秘的"黑匣子"，相关研究并没有太多进展。但是近年来，随着科学技术的不断进步，这个"黑匣子"渐渐被科学家们开启。

　　人类从新的科学研究中获取的智慧，如果只是埋藏在深奥的学术论文中，我觉得就实在太可惜了。而且，这些研究成果如果只被当作对事实的一种确认，那对人类来说，也是莫大的损失。

　　本书的作用，就是把神经科学获得的全新智慧，与哲学、心理学等领域已经获得的智慧进行比较研究，并把神经科学的成果与我们生活的方方面面（包括商务工作）结合起来进行分析。其结果，就是我们开始寻找如何将其应用于理解人性，如何将其应用于我们的日常生活。也就是说，把研究理论的神经科学，变成可以操作的"应用神经科学"。

　　"原来人性是这样的。"

　　"神经科学可以这样被应用到现实生活中。"

　　我所说的应用神经科学，是以神经科学的研究成果为基础，设想的一个了不起的假说。

　　但是，在日常生活中，我们无法对大脑的活动进行准确的扫描，所以在现阶段，我们还无法从科学的角度对我的假说进行真正意义上的证明。不过，从神经科学（在细胞、分子层面对包括人脑在内的神经系统进行分析研究）的角度看，确实存在有助于我们理解人性、有助于我们把人生过得更精彩的智慧。我就是想进一步探索、推广这些智慧。我所有的研究活动，也是建立在这个出发点之上。

● 如今的时代，企业经营、教育的现场都在应用神经科学

从 2014 年到现在，我很荣幸有机会为大家讲解人脑的魅力，以及神经科学给人们带来的智慧。海外演讲的主办方、网络媒体、广播电台等，都曾多次邀请我发表自己的理论。另外，到 2020 年，我总共收到了 17 本书的约稿邀请。

然而，由于我平时忙于研究开发和公司经营，写书的工作迟迟没有进展，于是，我把每年举办三次的"大脑·神经科学演讲"的内容加以总结，写成了这本书。

来听我"大脑·神经科学演讲"的听众，其工作性质可谓多种多样。其中很多听众都是活跃在一线的商务人士，另外，也有大企业的 CEO、董事、律师、医生、神经科学家、记者、政府部长、中小企业经营者，以及学生。最令我印象深刻的是，听了我的讲

解之后深感认同，且眼睛里散发出光芒的中小学生听众。

所有这些听众都有一个共同点，那就是有对知识的渴望和好奇。想通过神经科学的知识，以新的视角去理解人性，基于新的思维方式来实现自我成长的朋友，我相信这本书一定能对您有所帮助。

现在，我以这本书的内容为基础，为很多大企业提供员工培训设计和进修程序设计。另外，我还和一些教育机构、企业合作，共同开发全新的教育方式——现代教育应有的方式。

如今，世界各国都开始研究神经科学在企业培训和教育方面的应用。日本也不例外。可以说，在企业、教育的现场，研究人脑、应用神经科学的时代已经拉开了大幕。

您在阅读这本书的时候，如果能够感受到神经科学带来的多种可能性，并产生学习相关知识的兴趣，我将感到万分欣慰。

我在"大脑·神经科学演讲"中，会谈及各种各样的主题。本书重点介绍商务人士更感兴趣的三个话题——"动力""精神压力"和"创造力"。

● "大脑·神经科学演讲"（1）——"动力"

有很多前辈教给大家各种各样激发动力的方法，我们也从中学到了很多，但如果能从神经科学的角度出发进行研究，我们就可以更加深入地理解前辈们的智慧，没准还能发现全新的理论或方法。

要想从神经科学的角度把动力的原理阐释清楚，其实并不容易。我们不能只把目光聚焦在与动力直接相关的狭窄范围内，还必须从生命"系统"（相互影响、相互作用的整体）的角度全面分析动力的原理。

有生命的人，是一个系统，而动力存在于人脑中。研究动力的时候，如果抛开系统，只研究人脑，肯定是难以揭开谜底的。所以，我们除了要研究与动力相关的核心部分——人脑之外，还要研究整个系统中其他与人脑发生关联、对人脑产生影响的因素。只有这样，才能全面、透彻地把握动力的原理。

直到今天，人类还没有完全解明人脑内复杂的系统联系。但是，神经科学的新发现，肯定有助于我们从全新的角度更加深入地理解动力的原理。您以前也许读过很多有关动力的书籍，参加过不少介绍动力的演讲会，学习到许多提高动力的方法。现在，读了这本书之后，也许能让您对以前学到的知识有明确的验证，发出"原来是这样啊！"的感慨，让您更加有自信地去面对动力的话题，也能帮您找到更加有效地提高动力的方法。

● "大脑·神经科学演讲"（2）——"精神压力"

之所以要讲"精神压力"，是因为很多企业对解决精神压力的问题有迫切的需求。

在日本企业中，"抑郁症""心理问题"等几乎成了日常用语。可见，精神疾病已经成为不可忽视的社会问题。我经常有机会和日本经济产业省的官员对话，听他们说，精神疾病给日本造成的经济损失已经高达数千亿日元。而站在企业的角度来看，精神疾病造成的人才损失，也是相当严重的。

造成精神疾病的最大因素就是精神压力。

但是，在心理治疗的现场，人们对精神压力的把握，大多来自经验或心理学方面的知识，很少有人从自然科学的角度来研究、化解精神压力。

前面讲过，神经科学是从细胞、分子层面来研究人脑的学问，当前在世界上的推广度并不高。因此我想，如果能够从神经科学的角度研究精神压力，并把研究成果推而广之，一定能找出更好地缓解精神压力的方法，也能帮助大众更科学地面对精神压力。

一般来说，大多数人都对精神压力持负面看法。我想改变大家的这种固有观念。为什么这么说？因为精神压力是生物维持生存所必需的重要因素。

精神压力不仅有负面作用，也有正面作用。

理解这一点后，您就不会一味消极地逃避精神压力了。有时大胆地拥抱适度的精神压力，会给您带来很大的好处。不过，要想学会和精神压力打交道的正确方法，首先必须从科学的角度理解精神压力形成的原理。如果都不了解精神压力形成的原理，那么何谈与它和平共处呢？

本书不仅会教您消除负面精神压力的方法，还会教您如何发挥精神压力的积极作用，帮您借助适度的精神压力，实现更好的自我成长。

● "大脑·神经科学演讲"（3）——"创造力"

"人的创造力不是天生的吗，难道还能后天培养出来？"

很多企业的经营者都曾向我提出过类似的问题，我意识到，有必要研究一下神经科学和创造力之间的关系。遇到有关创造力的问题时，我首先想搞清楚的是——"到底什么是创造力？"

带着这样的思考，我开始查找资料，进行研究。但是，我所查到的关于创造力的定义，都不能让我完全信服，我总感觉哪里不对劲。

因为现有的关于创造力的定义，并没有对创造这个行为本身加以定义，而多是对创造的结果——创造出具有新价值的事物——进行定义。

创造出具有新价值的事物，其主体毋庸置疑是人。但是，人是在什么样的状态下，以怎样的程序，创造具有新价值的事物呢？现有定义都没有说明。与创造的结果相比，我更想知道人创造的过程和状态，于是开始收集世界上与创造力相关的尖端信息。

查阅的资料越多，研究越深入，我越是发现，现有研究成果都没有抓住创造力的核心。经过进一步的研究，我发现人的创造力背后是大脑一系列复杂活动的结果。正因为它的复杂性，现在的科学家都还没有搞清楚创造力的核心。

之前的神经科学才刚刚查明人脑各个部位的工作原理，尚处于研究人脑的初级阶段。不过近年来，对人脑的研究有了突飞猛进的发展，科学家开始把人脑当作一个系统或一个网络来研究。我们人类的大脑，并不是各个部位单独工作的，而是以一个复合的体系进行联动。当今的科学技术，已经开始通过可视化的手段，来展现人脑的运转过程。

以前，我们只能在某一时点对人脑进行静态可视化断层扫描，但现在可以进行动态可视化扫描了。因此，我们便可以解读更加复杂的大脑活动，进而知道，人脑是以网络的形式进行运转的。因为这样的技术进步，我们对人脑创造力的原理也有了全新的认知。

过去，人们认为创造力是与生俱来的，后天无法培养。但随着大脑复杂网络活动的解密，科学家确信，创造力是可以通过后天训练培养、提升的。

通过这本书，我想先消除您对创造力的误解，告诉您创造力并不是天生的。然后，我还会给您一些培养、提升创造力的启示。

本书简介

　　本书将从神经科学的角度，解析"人脑中发生了什么（WHAT）"，并探讨"为什么会发生这样的情况（WHY）"。当您理解了WHAT和WHY之后，相信您也就掌握了控制自身动力、正确面对精神压力、提升创造力的能力。

　　看到这里，可能有读者会问，你为什么不讲"如何去做（HOW）"呢？

　　因为我想把"如何去做（HOW）"这部分，留给每一位读者去思考。因为每位读者都有自己独特的状况、处境，具体该怎么去做，也是因人、因地、因时而异的。如果我勉强把HOW抽象化、一般化，也不可能适用于所有读者朋友的情况。

　　我不会告诉大家"应该这样做、应该那样做"，因为从神经科学的角度来看，仅仅是一方向另一方单向灌输知识，基本上是没有效果的。

即使我告诉您该怎么去做，您也不一定能找到问题的真正答案。神经科学也主张不告诉人们怎么去做，而是引导人们找到答案。

书店里有很多教大家该怎么做的书，写这些书的作者是根据自己的经历，对头脑中的各种信息进行取舍，加以抽象化、一般化总结出来的经验。作者根据这样的经验取得了成功，但读者如果生搬硬套作者的经验，不可能取得同样的效果。

要想学习怎么做，必须首先了解自己所处的环境、所面临的状况，然后选择适合自己的方法试行，在经过反复试错、修正之后，才能在头脑中形成一套寻找正确方法的流程。只有通过这套流程，才能创造出对自己有价值的方法。

总而言之，所谓正确的方法，可谓千人千法，学会独立思考非常重要。教您方法的人，所具备的能力和您不一样，所处的环境、状况和您也不一样。

可能有朋友会觉得，自己创造解决问题的方法，貌似有点困难，但我可以负责任地告诉您，您读了这本书之后，就会发现其实创造解决问题的方法一点也不难。

听过我讲座的朋友，学会了面对自己，也开始思考自己要做什么、该如何去做。实践这样的思考程序之后，我亲眼看到他们都得到了成长。其实，这个思考的程序，本身就是一种学习，不一定非要指向某个特定的结果去学习。

所谓有成效的学习方法，就是结合自身的特点，改造世间各种成功的方法，把它们变成适合自己的方法。本书中，也会从 WHAT 和 WHY 出发，为您提供一些有关 HOW 的启发。请大家一定不要生搬硬套我关于 HOW 的观点，要结合自身的特点，对这些观点加以改造。如果您能牢记这一点，再读我的书，我将感到无比欣慰。另外，为了把抽象、难懂的神经科学讲得更加贴近生活、更加浅显易懂，书中还插入了很多独特、有趣的插图。希望这些插图能给您留下深刻的印象，并使您时刻思考："如果是我，我会……"

我从一个前所未有的切入口，来探讨动力、精神压力和创造力，希望借此能帮助您解决身边的问题，也希望帮您真正地实现自我成长！

目 录
CONTENTS

第一章
动力
MOTIVATION

第二章
精神压力
STRESS

第一章

动力

MOTIVATION

原来每个人都说自己压力好大

01 所谓动力，到底是什么？

"动力"这个词，我想大家可能经常会听到和用到。

可是，"所谓动力，到底是什么呢？"

"动力背后运作的原理又是什么呢？是什么让动力忽强忽弱呢？"

在这一章中，我将用神经科学的观点，以浅白易懂的语言，为您解释动力的本质。

不过，一上来就给您讲动力的本质，恐怕您也不好理解。所以，我先从与动力有关的术语开始进行说明，帮您熟悉这个领域的基本知识。在此基础上，再为您介绍从细胞、分子层面研究大脑神经的神经科学到底是如何看待动力的。

虽然统称动力，但实际上，动力也分为很多种。

不光工作、学习上有动力之说，"我饿了，想吃东西"也是一种动力，"困了，想睡觉"同样是动力，在体育比赛中想获胜也是动力。因此，我们要想深入理解动力，必须首先理解动力的多样性。其中，对我们人类最为重要的动力，我将分四个大类为您解说。

不过，我们如果只将目光聚焦于动力，便难以看清动力的整体像。所以，我会先为您介绍人类动力的大前提——人脑。我将动力的运转系统解剖开来，掰开揉碎了，详细地展现在您的面前，即使您以前对大脑没什么了解，我也保证您能看懂。

另外，我还会从神经科学的角度出发，整理让动力运转的"材料"，并会谈及动力的来源，动力与物理痛苦、精神痛苦的联系，动力与金钱的关系，等等，各种各样的话题。

● 要想"提升自己"，首先需要"超认知"

第一个话题，是一个与动力息息相关的术语。

不管您是上班族，还是自己创业的经营者，或是运动员、学生，我想有上进心的您一定想过一个问题——"提升自己"。要想"提升自己"，无论如何都躲不开一个重要的大脑机能，那便是"超认知"。

所谓超认知，就是"客观地俯视自己、认识自己"的认知方法和状态。我们不能只主观地了解自己，还要客观地了解自己；不能只片面地了解自己，还要全面地了解自己。这就是超认知的作用。

讲一个有趣的实验。

"请你对着镜子，仔细看看自己的脸。"

您突然对实验对象提出这个要求，请他们照镜子看看自己，然后观察他们照镜子的反应。多做几组实验，您就会发现，很多人在照镜子的时候都会吃惊地瞪大眼睛。因为他们发现，镜子里的自己（别人眼中的自己）和自己心中的自己存在一些差别。

通过这个简单的实验，我们可以知道，人不能只主观地了解自己，还要通过客观的方式来了解自己。

在客观了解自己的过程中，很重要的一点就是要"有意识地加以注意"。

如果我问："从您家到地铁站的路上，一共有多少根电线杆？"

相信大多数朋友都回答不出来。可从家到地铁站的路，您已经走过百遍千遍了，为什么不知道中间有多少根电线杆呢？

在这段路上，您一定看到过电线杆，也就是说，电线杆的视觉信息已经送达您的大脑。可是，送达大脑的信息，并不一定会被大脑作为记忆保存起来。不仅如此，其实大部分信息会被大脑"抛弃"。我们没有特别加以注意的信息，会被大脑判断为不重要的信息，就不会被保存在记忆中。

我们的大脑虽然具有保存记忆的功能，但并不具备无论什么信息都保存的功能。我们没有特别关注的信息，就不会被保存下来。因此，绝大多数人不会记住自己家到地铁站的路上一共有几根电线杆。

如果把我们"自己"看作一种信息，那么大脑的记忆功能也适用于"自己"这种信息。如果我们没有有意识地对自己加以关注，那么有关自己的信息就不会被存入大脑。而且，**还有一种普遍的错觉——每个人都自认为非常了解自己，所以，几乎所有人都不会有意识地关注自己**。不管是自己，还是电线杆，只要我们没有特别加以关注，大脑就不会对这些信息产生深刻的印象。

正因为如此，我们需要花些时间和注意力，来客观地了解自己。最近，OECD[1]宣布，进入 21 世纪，超认知能力是个人必备的重要能力。

超认知的本质是客观、整体地看待自己，把关于自己的信息

---

1. OECD：Organisation for Economic Co-operation and Development，经济合作与发展组织，简称"经合组织"。截至 2020 年 7 月，成员国为 37 个。

写入大脑，从而达到能够"把握自己"的状态。了解自己的感受方式、思维方式、行为方式，就能培养出自己感知、自己思考、自己行动的自律性大脑。

强调认识自己的观点，其实并不兴起于最近，而是古已有之。

"认识你自己"，是古希腊的著名格言，可为什么历经数千年，至今依然被人奉为圭臬？其中必定有非凡的意义。恐怕是因为认识自己非常难，也正因为如此，成长才具有了不起的意义。数千年的历史，在不断地证明这一点。

在神经科学领域，随着研究的不断深入和发展，也不断开发着人类通过超认知认识自己的大脑机能。

前额叶皮质[1]（prefrontal cortex, PFC），位于大脑的前侧，相当于我们前额的位置。在这个区域中，稍微偏侧面的部位叫"rlPFC"[2]，是人在俯瞰自己时所使用的大脑区域。

因此，通过研究 rlPFC 的活动，就可以判断人在俯瞰自己的时候，rlPFC 处于怎样的状态，以及大脑是通过怎样的方式来实现超认知的。换句话说，如果我们能够判断大脑用哪个部位、通过怎样的方式来俯瞰自己，就可以查明我们认识自己的方式。

1．前额叶皮质：前额部大脑的部分。负责工作记忆、反应抑制、行动切换、计划、推理等认知和执行功能。另外，这一大脑区域还负责高级感情、获取动机，以及以此为基础的决策过程。再有，社会性行为、解决纠纷、依据报酬做出选择等多种机能也与该大脑区域相关。

2．rlPFC：大脑最前端前额叶皮质的一部分。人在通过"超认知"俯瞰自己的时候，会用到这部分大脑皮质。另外，这一大脑区域还具有"因不确定性激发的探索机能"。

● 培养超认知的习惯

在神经科学的世界里，常会用到下面这句话：

"Use it or lose it."

翻译成中文是"用进废退"，通俗地讲，就是"越用越发达，不用就退化"的意思。

根据目前的研究，人脑总共有一千几百亿个神经细胞（又叫神经元）。神经细胞之间通过突触[1]进行连接、传递信息。神经细胞也适用"用进废退"的原理，我们的大脑用得越多，神经细胞之间的连接越紧密，头脑不使用的话，突触就会退化，甚至消失。为什么会这样呢？因为神经细胞保有突触，是需要消耗能量的。而保有不用的突触，无异于浪费能量。

"因为不用，就没有必要保留这个结构，便将其清除。"

我们的大脑随时都在执行这个命令，将不用的突触清除。这是一种适应性机能。婴儿在出生几个月之后，这种清除工作便在大脑中开始了。人脑中不同部位的神经细胞突触数量的变化情况是不一样的，但发育最晚的前额叶皮质，在人两岁的时候，神经细胞突触数量已经迎来峰值，并在这时开始进行清除。

从两岁开始，我们前额叶皮质的神经细胞突触数量逐渐减少，但在儿童时期，这部分突触的数量尚且比较多。大家可能都有直观的感觉，小时候记忆力特别好，成年之后就感觉记忆力越来越

---

1. 突触：synapse，是神经细胞之间相互接触的结构。突触是神经细胞之间在功能上发生联系的部位，也是信息传递的关键部位。

不如以前了。其实，这就是神经细胞突触数量逐渐减少造成的结果。

少儿时代，大脑中的神经细胞突触数量最多，要想保持或者进一步巩固这种优势，最好的方法就是"学习"。**另一方面，长大之后，突触数量减少，要想将神经细胞再连接起来，就得做额外的"连接"工作**。要连接起来，还要强化这种连接，就得消耗两次能量。所以，和孩子相比，成年人要学习相同的内容，就得花更多的时间。

没有超认知习惯的人，相应的大脑部位处于"lose it（不使用，便退化）"状态的可能性比较大。当然，这里所说的退化，并不是完全失去功能。因为任何人都可能在某一时刻突然想起要和自己对话，要反省自己。但是，大脑相应部位的神经细胞突触连接强度，会和超认知的频率成正比。因此，有意识地锻炼大脑负责超认知的部位，频繁地"use it（使用）"，就可以激活这个部位，从而培养出具有超认知习惯的大脑。培养超认知习惯，对于人获取动力也相当重要。为什么这么说？因为我们要激发的不是别人的动力，而是自己的动力。为此，我们必须面对内心中真正的自己，和自己对话，从内部了解自己，激励自己。

● 对自己的感情进行超认知

对自己进行超认知有很多要点，在这里，我为您介绍一些与动力相关的要点。

人类在实施某种行为之前，大体上会参考两种大脑系统的信息。一种是思维系统，另一种是感情系统。科学家对人类的思维系统和行为系统已经进行了各种各样的研究，但在感情系统的研究方面，尚无太多建树。感情系统太过抽象，一直被当作神秘的"黑匣子"看待。

但是，在最近的 5 ~ 10 年间，神经科学家开始向人类的感情系统发起"攻势"。他们研究了人类显露特定感情时活跃的特定大脑部位，此时分泌的特定神经传导物质（化学物质），以及接受这种神经传导物质的受体。也就是说，神经科学家已经开始从微观角度逐渐揭开人脑感情系统的秘密了。

想要彻底理解人类的行为和思维，如果离开与之紧密联系的感情，是无法做到的。而动力作为感情之一，也会对人的行为和思维产生影响。当然，除了动力，人还有其他多种多样的感情，如果无视自己的感情，我们是永远无法提升自己的行为、思维能力的。为了提高自己的能力，促进自己的成长，我们应该对自己的感情、感受、感觉有意识地加以关注，这是实现超认知的重要一点。

能够在某一方面做到极致的人，一定是善于面对自己，对自己进行深入考察，能够把握自己的感情、感受、感觉的人。

"当一个人能准确表述自己对什么事物有什么感受，该采取什么行动的时候，他就已经跻身超一流的选手之列了。"（选自NHK BS1《日本职业棒球选手群像》）

以上是打进美国职业棒球联赛的日本选手铃木一朗的话。意思是，人不仅仅要思考"该采取什么行动"，还要关注"自己对什么事物有什么感受"。虽然铃木一朗说这句话的时候轻描淡写，然而其中蕴含了深刻的道理。

理解动力世界的结构

翻阅词典，我们可以查到对"动力"的解释有以下两个：

1. 给予动机。

2. 做某事时的意欲、干劲，或者获得的动因、受到的刺激。（《数字大辞泉》日本小学馆出版社）

不过，这种解释在我们神经科学家看来，是"含糊不清"的。

"给予动机"与"获得动因"指向是完全不同的，而做某事时的意欲和动因，分别是不同系统的问题。所以，神经科学家认为词典中关于"动力"的定义非常不明确。

但从整体关系上，我们可以这样来理解，动力是行动的原因，而动力的结果会诱发相应的行为。

举个例子，A 君突然对 B 君提出如下请求：

"B君，帮我到前面咖啡馆买杯咖啡，我给你1万日元跑腿费。"

听到这话，B 君心里一定会想："这样就能挣 1 万日元？也太简单了吧！"他感觉非常划得来，于是愉快地答应道：

"没问题，愿意为您效劳。"

然后 B 君心甘情愿地去为 A 君买咖啡。

通过这个例子，我想请您思考一个问题。B 君去为 A 君买咖啡，其直接原因是那 1 万日元吗？一般来说，大多数朋友会把这 1 万日元看作 B 君采取行动的直接原因。实际上，不管这笔报酬有多么丰厚，只要 B 君头脑里不发生变化，他都不会帮 A 君跑腿。

将这一观点进行明确细分、整理，是给动力下定义的重要参考。也就是说，在上述案例中，我们研究 B 君跑腿的动力时，应该按照以下流程进行分析：

（1）作为行动的原因，存在一个金钱的"刺激"；

（2）B君受到这个刺激，促使体内（大脑）产生了一系列的"变化"；

（3）采取"行动"。

行动是一个结果，在一步一步产生这个结果的过程中，B君体内（大脑）的变化是一个直接原因，另外还存在一个对其大脑产生作用的间接原因。这个间接原因——"金钱"，我们称之为"激发因素或动因（motivator）"。

激发因素，多存在于我们的外部。不过也有特殊情况，比如我们用自己的头脑进行想象，而想象的内容也会成为促使我们采取某种行动的激发因素。在这种情况下，激发因素就是在我们内部产生的。

当激发因素到达大脑的特定部位时，会引起神经细胞的反应，

图 2　动力相关术语的介绍

并释放神经传导物质。神经细胞的反应和释放的神经传导物质，统称为"动力媒介（motivation mediator）"。所谓"媒介"，就是使双方发生联系的事物。

在动力媒介的作用下，大脑会产生相应的反应，而我们下意识地感知到这种反应的状态，就是"动力"。

从神经科学的角度来把握动力，可以进行如下总结：

激发因素：诱发行动的间接原因。

动力媒介：诱发行动的体内（大脑）直接变化状态。

动力：下意识地感知到诱发行动的体内（大脑）直接变化的状态。

要问动力媒介与动力有什么区别，简单地说就是，有干劲的状态和认识到自己有干劲的状态。前者诱发行动的大脑机能，与后者认识到这种状态的大脑机能，是不同的机能。

当我们遇到自己非常想要的事物时，我们的体内或大脑就会无意识间产生类似"热血沸腾"的反应。大多数情况下，这种反应不会上升到我们的意识层面，但我们可以感知、认识到自己的这种状态。认识到自己现在为那个事物热血沸腾所需的大脑机能，与让自己热血沸腾的大脑机能，是两种不同的机能。

我们之所以能说"自己动力强"或者"自己动力弱"，就是因为我们能够清楚地认识自己的状态。感知到动力媒介，认识到这种状态，就是动力。

有的人说，自己没有动力，但实际上，基本上没有人处于"完全没有动力的状态"，也就是"动力媒介完全不发挥作用的状态"。只能说，他们没有认知到自己的真实状态，所以误以为自己没有动力。

由此可见，超认知是多么重要。激发因素和动力媒介，在每个人大脑中的状态是不同的。也正因为不同，如果我们不能准确看待自己、认识自己，就无法认识到自己的动力，更无法将其发挥出来。

从这一点也可以导出另一个重要观点：**我们每个人的动力形式，和其他人相比，都存在 DNA 层面的差异。而且，每个人的体验记忆不同，大脑回路也不一样，所以，每个人拥有的动力形式也有很大的差别。**

同样的原因，也许可以激发别人的动力，但不一定适合自己。不过，人在下意识中有一种判断倾向，就是认为适合别人的也适合自己。只有认识到这一点，尊重这个事实，接受动力的多样性，才能帮助一个团队或组织提高整体动力。

● 跟动力相关的人脑系统

科学家通过多年研究发现，人类行为的关键，某种程度上掌握在大脑的运转机制中。这种机制也将是神经科学在未来 5～10 年里最为关注的研究项目之一。这种机制其实是一个被称为"报酬回路"[1]的大脑系统。

麻省理工学院出版社（MIT Press）出版过一本有关动力的专业书籍，书名为《动机和认知控制的神经基础》（*Neural Basis of Motivational and Cognitive Control*）。您如果能读懂这本专业书籍，就可以从神经科学的角度理解动力。这本书也告诉我们，单独研究"报酬回路"，无法从整体上把握动力的全貌。

---

1. 报酬回路：对快乐、报酬等信息产生反应的大脑神经回路。

培养动力的提示 1

超认知的重要性

　　首先，我们要重视自己的动力。平时要注重观察自己的动力、动力媒介的工作状态。另外，观察别人保持动力的方法，也许能为我们提高自身动力提供一些启示。

提高动力的方法，不一定非要和别人一样

　　自己提高动力的方法，不一定非要和别人一样。每个人的经历不同，造就了提高动力方法的多样性。不要照搬别人的方法，但别人的方法中也可能存在值得借鉴的地方。总而言之，我们要找到最适合激发自己的动力的方法。

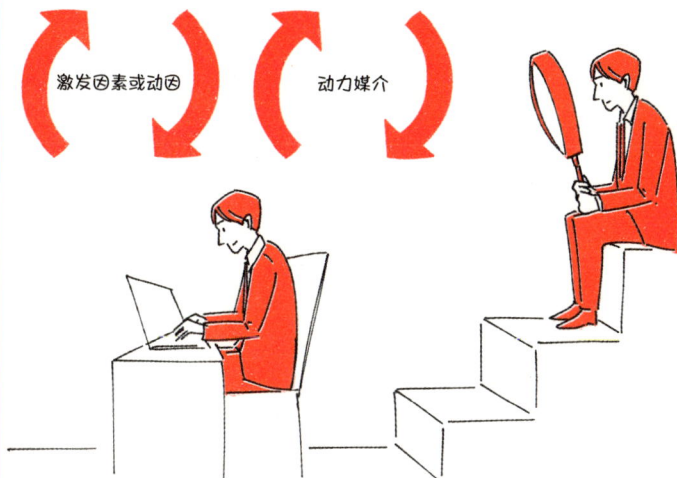

激发因素或动因　　　　动力媒介

人脑中存在各种各样的系统，与动力直接相关的报酬回路就是其中之一。研究这个系统很重要，但研究报酬回路与其他系统之间的联系、相互作用，同样重要。

只看报酬回路的话，有关空腹与动力的关系、睡眠与动力的关系、精神压力与动力的关系等，就无法全部把握。我想大家都能感觉到饮食、睡眠、精神压力等会对动力产生影响。所以，只有同时把目光放在其他对动力有影响的大脑系统上，理解它们与报酬回路的相互关系，才能深入地理解动力。

在现实生活中，为了了解、激发自己的动力，我们不能只盯着报酬不放，同样要重视那些可能与动力相关的环境、状况、条件等多种因素。

● 认识人脑的构造

要想了解人脑的各种系统，首先我建议大家大致了解一下人脑的构造。我在讲解人脑构造的时候，不会拘泥于解剖学上精确的名称术语，而是以浅显易懂的方式告诉您，大脑的哪个部位（比如大脑的上部、下部、内侧、外侧等）具有哪些机能。

包括人脑在内，所有动物大脑的进化都是发自脑干，越接近大脑的表面，就具有越高层次的机能。基于这一结构特性，我们基本上可以了解人类行为的内在原理。

培养动力的提示 2

把握动力的体系（系统）

不要把动力当作"点"来看待，而应该从"体系"的角度来把握。举个例子，"报酬回路"是我们头脑中的一个系统，我们不能只凭这个回路分析动力，应该结合该回路关联的身体内外的各种因素、现象来把握动力。

身体状况、心理状况、外部环境等，都会对人的动力造成很大影响。人在身体健康、睡眠充足、生活规律的情况下，更容易提高自身的动力。

争吵

饥饿

困倦

关联性非常重要

图3　人脑的断面图

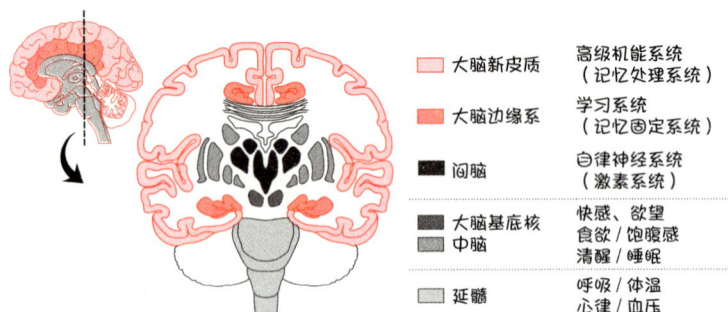

	高级机能系统（记忆处理系统）
大脑新皮质	高级机能系统（记忆处理系统）
大脑边缘系	学习系统（记忆固定系统）
间脑	自律神经系统（激素系统）
大脑基底核	快感、欲望 食欲/饱腹感
中脑	清醒/睡眠
延髓	呼吸/体温 心律/血压

　　在我们大脑的下部，有一个类似于树干构造的部位，叫作"脑干"。脑干大致可以分为三个构造体，由下至上分别是"延髓""脑桥"和"中脑"。位于人脑最下部的延髓，掌管呼吸、体温调节、心律等无意识而且自动运行的生存必需机能。另外，脑干上部的中脑及其上部外侧的大脑基底核，与食欲、睡眠、快感等存在深度的联系。

　　与动力息息相关的"腹侧被盖区（ventral tegmental area，VTA）"会释放多巴胺（DA），它是中脑的一部分。腹侧被盖区再往上是大脑边缘系和大脑新皮质。腹侧被盖区会对大脑边缘系和大脑新皮质造成影响，根据它们之间的关系来了解动力，也是非常重要的。

　　位于脑干和大脑边缘系之间的是"间脑"。间脑作为一个通路，连接高级大脑和古老的脑干。另外，间脑还和全身进行联系，因此它与遍布全身的自律神经系统（交感神经[1]、副交感神经）联系在一起。再有，间脑还能合成激素等化学物质，会对全身产生作用。

大脑边缘系是掌控人类学习能力的重要部位，海马体（hippocampus）和扁桃体（amygdala）就在其中，与人的感情、记忆息息相关。位于大脑边缘系上方，将其包围起来的部位叫作大脑新皮质，掌控一些高级处理机能，比如，创造性、聚合思维、发散思维等思维机能。

像这样，从人脑解剖学的角度来考察动力的原理，在本书中被称为"神经科学的需求五层说"。

分析人脑机能后，我们可以发现，古老的大脑机能，即脑下部构造的机能，处于比较优先的地位。例如，当睡眠不足的时候，我们为了生存就会优先睡眠机能，在这种情况下很难激发高级的大脑机能。如果呼吸、体温出现紊乱，甚至会危及生命，我们古老的大脑机能就会首先选择保全生命，这个时候不太可能产生学习或工作的动力。因此，调整好脑干、间脑所掌控的机能的状态，是激发学习系统等高级大脑处理机能的基础。

---

1. 交感神经：交感神经给我们能量，提高我们的能力。是负责"Fight or Flight（战斗或逃跑）"的神经系统。当面对危险的时候，交感神经可以瞬间让我们进入临战状态。当我们集中注意力做事情的时候，交感神经的作用也非常重要。但是，如果交感神经反应过度，会给我们造成过度的精神压力，从而有可能对思考或行动都造成障碍。

神经科学的需求五层说

我想很多朋友可能听说过"马斯洛自我实现理论"[1]。马斯洛的这个理论最早见于他 1943 年发表的《人类动机论》（*A Theory of Human Motivation*）中。马斯洛总结得很好，但是，从科学的角度分析，却能发现马斯洛需求层次说中的上下关系并不总是正确的。

于是，我从神经科学的解剖学角度出发，提出了"神经科学的需求五层说"。将我的理论与马斯洛的自我实现理论相对照，来研究人类的需求，能让您对动力的理解更上一个台阶。接下来，我将重点讲解"神经科学的需求五层说"。

● 提高动力从规律的生活开始

从下一页的图 4 中我们可以看出，人的身体状态、生活状况非常重要。位于下方的需求对处于大脑中间位置的动力有巨大影响。这部分需求包括健康、睡眠、规律的生活。规律的生活之所以重要，是因为我们的大脑有专门的部位"监视"着自己的生活规律，把生活规律调整好，满足这一基本需求，就为提高动力打下了坚实的基础。换句话说，当想提高自己的动力时，我们不能

---

1. 马斯洛自我实现理论：马斯洛将人的需求按由低到高的顺序，分为五种，即"生理需求""安全需求""归属和爱的需求""尊重、认可需求""自我实现需求"。

图 **4** 神经科学的需求五层说

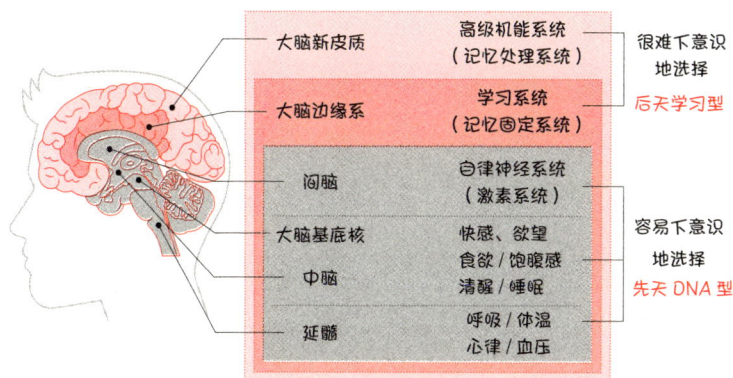

只把目光放在动力上，还要结合生活规律、身心健康等方面，来综合考虑提高动力的方法。

当感觉动力不足的时候，您应该结合神经科学的需求五层说，从下往上逐一检查自己当前的状态，检查到底哪里出了问题，那可能就是影响您动力的原因。

尤其要注意一种大脑神经传导物质——血清素（5-HT）的水平，血清素对我们的生活规律有很大影响，从另外一个角度说，也就是对我们的动力有很大影响。

早晨，我们沐浴在晨光之中，当我们接受的光照量超过一定程度时，大脑就开始分泌血清素，并逐渐达到峰值，随着时间的流逝，经过中午、傍晚、夜晚，血清素的分泌量逐渐减少。随着血清素分泌量的减少，另一种神经传导物质——褪黑素的分泌量开始增加。夜间，褪黑素的分泌量达到峰值，它是督促我们入睡的激素。而且，早上分泌的血清素的量与夜间分泌的褪黑素的量有直接关系，即早上分泌的血清素多，晚上分泌的褪黑素也就多，反之亦然。换句话说，**早上我们的大脑分泌了大量的血清素，那么晚上大脑就会相应地分泌大量的褪黑素，也就能让我们睡个好觉。**

不仅如此，当大脑的血清素保持在一定量以上的时候，它可以让我们的头脑保持清醒和冷静。到了傍晚的时候，您是否会感到坐卧不安、心情烦躁？其中的一个原因就是血清素开始转换为褪黑素，血清素水平下降就会使人感觉烦躁。

换句话说，血清素和精神压力息息相关。精神压力也会对动力造成影响。关于精神压力与动力的关系，我会在第二章为大家详细讲解。同样，血清素也会在第二章再次登场。

● 制造动力，需要能量

要想从神经科学的需求五层说的角度来理解动力，还有一个特别重要的概念。

在神经科学的需求五层说中，处于金字塔底部的需求，在我们人类出生时，便已经在头脑中搭建好了回路。因此，刚出生的婴儿就可以自主呼吸、调节体温。天生搭建好这种强有力的神经回路，有一个好处，就是让能量使用得更加高效。但另一方面，为了满足金字塔上部的需求而运转大脑机能的时候，需要消耗相当多的能量。为什么会这样？因为满足高级需求的神经回路，并没有一开始就搭建好。

原本并不强大的神经细胞，需要经过反复使用，才会逐渐变强，并留下浓重的记忆痕迹（memory trace）。实际上，记忆痕迹会在细胞、分子层面产生变化。比如，受体在突触中移动的变化，胶质细胞一点点向髓鞘[1]（又称髓磷脂鞘）输送营养使之成长的变化，投放神经传导物质的内质网数量增加的变化，等等。记忆痕迹要成长为细胞，需要能量。处于金字塔上部的"后天学习型"机能，要运转就需要能量，所以我们很难在无意识间选择它们。

在这里，我想再次对动力进行定义。

一般来说，我们所说的动力，基本上是针对与大脑新皮质所具备的各种类型的思考和创造性相关的高级机能，或者与大脑边缘系相关的学习机能。并且，认识到这个时候体内（大脑）发生变化的状态，才叫作动力。

因此，我们想要提高的动力，是指"直接诱发大脑高级机能或者学习机能，并且认识到体内（大脑）变化的状态"。

这就是从神经科学角度给动力下的定义。

那么，我们大脑的高级机能都有哪些呢？在这里，我无法一一为您介绍，感兴趣的朋友可以在搜索引擎中检索关键词"Brodmann's areas"[2]，就可以查到详细的相关知识。

––––––––––––––

1．髓鞘：包在神经元轴突表面的膜结构，一般有好几层。由髓磷脂构成，因此也叫髓磷脂鞘。髓鞘通过一种被称为"跳跃式传导"的机制，来加快动作电位的传递。

2．Brodmann's areas：最早由德国神经病学家布劳德曼提出，根据细胞结构将大脑皮层划分为一系列解剖区域的系统。布劳德曼将大脑皮质分出了50多个区域，并为它们标注了编号。——译者注

图5　Brodmann's areas

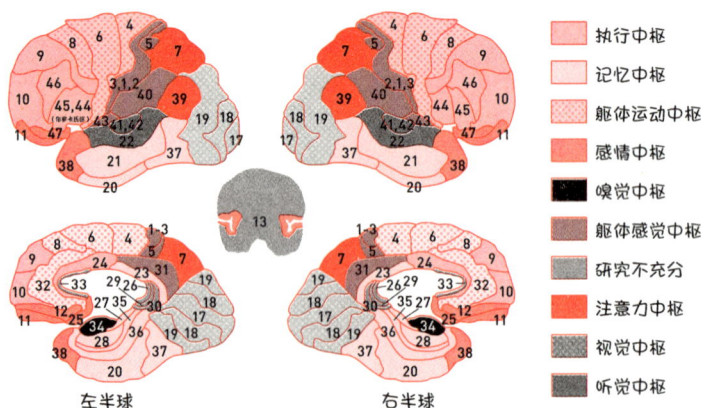

	执行中枢
	记忆中枢
	躯体运动中枢
	感情中枢
	嗅觉中枢
	躯体感觉中枢
	研究不充分
	注意力中枢
	视觉中枢
	听觉中枢

左半球　　　　右半球

　　Brodmann's areas 从解剖学的角度，对大脑新皮质的机能进行了分类、整理。实际上，大脑新皮质具有 50 种以上的机能，不同部位有不同的机能。见过人脑模型的朋友，可能都有印象，我们大脑表面充满了褶皱，每一个区域都有自己的名称，就连它们之间的部分也有自己的名称和机能。大脑表面的褶皱看起来是随机的、不规则的，但实际上我们每个人的褶皱都很相似。

　　我们的大脑新皮质具有那么多机能，但绝不是某一个部位单独发挥作用的，而是多个部位组合起来共同发挥机能的。大脑新皮质的机能会和大脑边缘系以下的各个部位的大脑机能组合起来，处理各种各样的信息。大脑新皮质具有 50 种以上的机能，而大脑边缘系、间脑等部位也有多种机能，它们相互组合起来，就可以获得非常多的机能，因此，我们不能停留在马斯洛自我实现理论中介绍的那几种机能。实际上，我们的大脑从原始到高级，具备各种各样的机能。

● 将自下而上的原始动力转化为自上而下的高级动力

接下来，我们从另一方面来分析神经科学的需求五层说。

动力，可以分为两种类型，一种是自下而上的，一种是自上而下的。

位于五层说下部的需求，是自下而上（接近于无意识的状态）诱发的，上部的欲求则是自上而下（有意识地）诱发的。

举例来说，"肚子饿了""困了"就是自下而上型的动力，是无意识中诱发的。"我要思考这个问题""我想学习那个知识"就是自上而下型的动力，需要有意识地诱发。那么，这两种动力，哪种更强呢？一般而言，自下而上的动力更强。与处理高级信息或学习相比，人脑容易优先选择生存所必需的动力，这一点不难理解。但是，说到底只是"容易优先选择"，并不等于绝对不会优先选择自上而下的动力。

在某些情况下，我们也会抑制自下而上的动力，优先选择自上而下的动力，这便是我们通常所说的"自制力"。如前所述，正因为自下而上的动力对我们的影响很强大，所以，我们需要更强大的自制力，才能抑制自下而上的动力，有意识地激发自上而下的动力。

以前，主流的观点认为，只有抑制自下而上的动力，才能更好地激发自上而下的动力。毋庸置疑，这种方法是有用的，但近年来，另外一种方法也逐渐进入人们的视野，那便是，把自下而上的动力当作"营养"，输送给自上而下的动力。

当出现"肚子饥饿"的状态时，我们就会"想吃东西"。"想吃东西"就是自下而上的动力。这个时候，我们的大脑会分泌大量的多巴胺。不管产生哪种类型的动力，作为客观事实，我们大脑都会分泌大量的多巴胺，而这种状态给我们提供了"动力转换"的机会。

举个具体的例子，如果我们能把"肚子饥饿"制造的多巴胺，有意识地引导到"学习"的方向，就能激发学习的动力，提高学习的效率和效果。有研究结果显示，通过无意识的实验，促进人体多巴胺的分泌，就可以提高人的记忆力。

就我个人而言，当我想把自下而上的动力转化为自上而下的动力时，我会利用我最喜欢的咖啡。我把最喜欢的咖啡摆在眼前，就是不喝。看到美味的咖啡，我非常想喝的时候，大脑分泌的多巴胺会达到最大值。

操作的要点在于，第一阶段，先"注意到"自己"想喝咖啡"的状态，即产生自下而上的动力的状态。然后有意识地将这个自下而上的动力，活用到高级工作（如学习、工作等）中去。像这样，通过自上而下的指令，实现"注意力的切换"，就是第二阶段。也就是说，我们在意识到自己因为其他原因（自下而上的动力）产生大量多巴胺的时候，有意识地转向自己想要做的工作。只要通过一定的训练，任何人都可以将分泌的大量多巴胺用于高级工作。

我想，很多朋友会有这样的体验——当感觉肚子有些饿的时候，学习或工作的效率会非常高。这是因为因饥饿产生的多巴胺，作用于前额叶皮质，使我们的注意力更加集中了。在饥饿状态下，只要我们能有意识地将注意力切换到想做的事情上，那么因饥饿状态产生的多巴胺，就可以大大地提高我们的专注力。

据说日本体操运动员内村航平，一天只吃一餐，他说吃得少反而可以集中注意力。像内村航平这样通过减少摄食来提高专注力的日本运动员，还有不少，这样做确实有一定的科学道理。

我们在宗教领域，也可以看到一些通过保持饥饿、断食的行为来引起大脑反应的情况，他们这样做是为了提高自身的能力。当然，笃信宗教的人这样做有一定的宗教意义，我们姑且不讨论宗教方面的意义。总之，不管最终意图是什么，保持饥饿、断食，确实可以让大脑大量分泌多巴胺，从而提高专注力和记忆固定率，以及创造力。

不过，长期断食、节食不但很辛苦，对健康也有损害。而且，为了提高动力，突然断食，也不一定能得到想要的效果。如果我们还没有习惯控制自己的注意力，还不能游刃有余地把空腹状态的注意力有意识地转移到想做的事情上，那么我们的头脑和身体很可能优先选择自下而上的强烈需求，从而使注意力分散，做事情的效率更加低下。

一开始，我们可以做一些训练，比如，每天中午，意识到自己腹中饥饿时不要急着去吃午饭，而是把当前多巴胺大量分泌的状态当作一个机会，让自己继续工作10分钟。这样有意识的安排，会让这10分钟的注意力非常集中，从而获得超高的工作效率。重要的是，这样的训练能让我们不断熟悉将自下而上的需求分泌的多巴胺，转化为工作、学习的动力。

● 制造一个"动力触发器"

想引导出自上而下的动力，还有一个方法，就是制造一个"动力触发器"，也可以叫"干劲开关"。

这个动力触发器，不是等别人来触发，而是要由我们自己来触发，所以也必须由我们自己来制造。所谓动力触发器，您也可以将它理解为是有意识提高自己动力的"咒语"。那么，该如何为自己制造这个"咒语"呢？下面就为您介绍几个小技巧。

您喜欢的名言警句，书或漫画的一小节，电影、电视剧、动画片中令您印象深刻的镜头，或者您喜欢的音乐等，都可以作为"咒语"，用来触发自己的动力。实际上，看画面、听音乐，心里默念喜欢的词句，头脑中回忆电影镜头，等等，都是触发动力的方法。还没有动力触发器的朋友，找到能够触发自己动力的词句、画面、音乐等，非常重要。

可能会有朋友质疑："通过动画片、漫画中的场景激发动力，简直太傻了！"确实，那些对动画片、漫画不感兴趣的朋友，使用这种方法的确没什么效果。

但是，对那些曾经被动画片、漫画中的场景打动过的朋友来说，这个方法真能提高动力。为什么这么说？因为想起那些曾经感动自己的场景，会促进大脑多巴胺的分泌，只要我们能在这种状态下，把注意力切换到想做的事情上，动力就来了。世上有太多打动人心的作品，可以促进我们大脑中多巴胺的分泌。

培养动力的提示 3

有意识地切换注意力

　　有意识地关注刺激多巴胺的分泌，可以促进多巴胺的分泌。在多巴胺大量分泌的状态下，再有意识地将注意力切换到想做的事情上，就可以提高自己的工作效率。

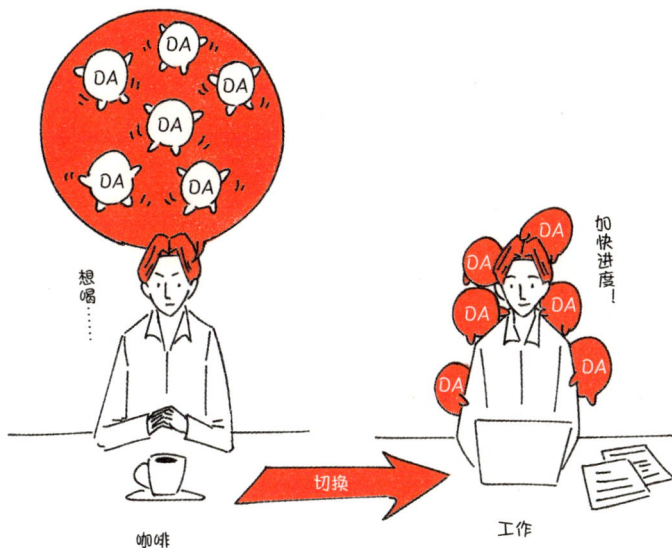

当然，正因为这些名作的刺激作用很强，就像磁石一样，容易吸引我们的注意力，所以从另一个角度说，也容易把我们的注意力从想做的事情上吸引走。这样一来，不仅不能提高动力，还会起反作用。因此，最关键的是触动动力触发器后，一定要把注意力切换到想做的事情上。现实中，我听说一些专业运动员会通过回忆动画片、漫画中的场景来激发自己的动力。当然，您要结合自己的实际，不一定非要是动画片、漫画中的场景。回忆自己曾经的高光时刻，也可以激发动力；想象自己获得成功的样子，同样对激发动力有效。

我想，很多朋友都见过运动员在上场之前听自己喜欢的音乐来激发状态的情形。世间也有不少书籍推荐"能够激发动力的音乐"。但是，说到底那些音乐是激发别人的动力的。与其听别人推荐的音乐，不如根据自己的感觉，寻找能够真正激发自己动力的音乐。

大家不要拘泥于动画片、漫画或音乐，任何形式的素材，都有可能成为我们的动力触发器。重中之重是找到适合自己的素材。在讲解超认知的小节中，我也讲过，我们要重视自己的感觉和感情，了解自己认识世界的方式，找到适合自己的动力触发器。

● 将激发因素与肢体动作联系起来

如果将激发因素与肢体动作联系起来，将进一步提高激发因素的作用。我们在想象、倾听激发因素的时候，最好给自己设计一套属于自己的"做法"。

这个"做法"是指肢体动作，关键在于"unique but easy（独特但简单）"。

首先，"独特"尤为重要。我们要把一套独特的动作和激发因素联系起来。打入美国职业棒球联赛的日本选手铃木一朗，每次站上击球位的时候，都会做一套独特的准备动作[1]；橄榄球运动员五郎丸步在踢定位球之前，也会做一套独特的动作[2]。

将独特的肢体动作与提高动力的语言在头脑中联系起来，通过反复练习，让头脑对此形成条件反射，就形成了一套独特的激发动力的"做法"，这套"做法"就是激发动力的开关。

为什么要特别强调独特性？以举手为例，这个动作不具备独特性，在日常生活、工作中，我们可能经常用到这个动作，因此它不适合做激发动力的开关，因为太常用了，也不能有效地激发动力。所以，只有平常不会做的动作，在有意识地做的时候，才具备激发动力的作用。比如，祈祷的时候，在胸前画十字。

另外，"做法"复杂的话，虽然不影响激发动力的效果，但太过复杂，我们的头脑需要花较长的时间，来学习它与动力之间的联系，而且很难再现复杂动作。像铃木一朗和五郎丸步的"做法"就比较复杂，而且充满细节，但他们经过长时间训练，已经

---

1. 铃木一朗站上击球位的准备动作是：站上击球位前，先做屈伸运动，用内侧的那只脚站立，然后对着投手立起球棒。

2. 五郎丸步在踢定位球前的动作是：把球放在指定位置，然后站起身，向后退三步，再向左移两步，随后右手放在腋下，转动肩膀，最后将双臂抱于胸前。

让这套动作和激发动力之间建立了条件反射式的关联。对我们普通人来说，一开始没必要要求太高，像"把手按在胸前，闭上眼睛数五个数"这样简单的动作，就足够了。

话虽如此，即使是非常简单的动作，要把它训练成动力触发器，也不是一朝一夕就可以成功的，还是需要长时间、反复的练习。首先，我们要选定能够激励自己的语言、音乐、场景或镜头等。然后，实际看到、听到或在头脑中想象它们，同时充分感受自己被激发起来的那种感觉。这时，再创造一套属于自己的独特的肢体动作，并在头脑中将这套动作与被激发出来的感觉联系起来。激发因素、被激发的感觉、独特的肢体动作，"同时"反复出现，我们的头脑就会自动学习它们之间的联系，并形成条件反射式的反应。

神经科学有一大原则，是"Neurons that fire together wire together"[1]，意思是"同时激发的神经细胞会串联在一起"。

心理学上有一个著名的"巴甫洛夫条件反射原理"[2]，这个原理也可以用于说明上述神经科学的原则。而且，这一原理已经被加拿大心理学家赫布在神经细胞层面进行了证实。赫布的理论

---

1. Neurons that fire together wire together：同时激发的神经细胞会串联在一起。意思是说，不同的神经细胞被同时激发时，它们之间会强有力地连接起来。

2. 巴甫洛夫条件反射原理：每次喂狗之前先给狗听铃声，如此反复训练。后来，狗只要听到铃声就会流口水。通过这个实验，巴甫洛夫发现了"条件反射"原理。

被称为"赫布定律"[1]。让狗看见肉，它们会流口水，而让狗听铃声，它们不会流口水。但是，如果让狗看见肉的同时，也让它们听到铃声，那么经过反复训练后，狗一听到铃声便会流口水。这是因为，通过反复训练，狗负责处理铃声的神经细胞和负责分泌口水的神经细胞发生了串联。

在我们获得动力触发器的过程中，很重要的一点就是要使激发因素、被激发的感觉、一套肢体动作同时出现，这样才能让大脑神经细胞同时被激发，并串联在一起。而且，还要进行反复训练。这样一来，那一套肢体动作就会和激发因素具有同等作用，从而诱发出我们热情高涨的感觉，也就是激发出动力。

训练过程的重点是有意识去感知自己情绪高涨的感觉，同时反复练习那套诱发动作。在没有感情的状态下，练习诱发动作，没有任何意义。

---

1. 赫布定律：突触可塑性定律，即"神经细胞与神经细胞连接部位的突触，发生长期变化的话，信号传导效率也会发生变化"。

培养动力的提示 4

设计动力触发器

在做自己想做的事情、该做的事情之前，先在心中设计一个简单的触发开关，让执行成为一种习惯。

我的动力触发开关

用食指指着太阳穴

左手放在大腿上

盘腿而坐

04

从分子的世界分析动力

● 了解多巴胺和去甲肾上腺素的区别

我们大脑合成的化学物质，被称为神经传导物质。在这里，我将为大家介绍两种直接影响动力的神经传导物质。

从神经传导物质的角度来分析动力的时候，要注意以下三个重点：

（1）神经传导物质将直接影响动力所处内部环境的变化；

（2）我们当前所处的状态，随着神经传导物质的分泌，会被作为记忆存储在大脑中；

（3）神经传导物质导致的记忆状态的变化，将影响下一次神经传导物质分泌时的状态。

动力形成的原理，就隐藏在神经传导物质与记忆的相互关系中。

与动力相关的神经传导物质，主要有两种，一是多巴胺，二是去甲肾上腺素。这两种神经传导物质，都会诱导我们的行为，同时也对注意力产生影响，极大地左右着我们能力的发挥。

多巴胺基本上是和"SEEK（寻求、追求）"的情绪相关。也就是说，当我们想寻求某种信号或信息的时候，大脑就会分泌多巴胺。另一方面，去甲肾上腺素多与负责"Fight or Flight（战斗或逃跑）"的交感神经联动。这两种神经传导物质，都是诱发行动的化学物质。

下页的图 6 概括说明了多巴胺和去甲肾上腺素对动力的作

用。诱发行动的因素，既有意图（Preferred）方向的，也有非意
图（Non-Preferred）方向的。也就是说，我们可能正在做自己想
做的事，也可能正在做自己不想做的事。多巴胺和去甲肾上腺素
的分泌方式可以说明上述原理。

从图 6 中，我们可以看出，多巴胺或去甲肾上腺素的分泌量
不足或过剩，我们的行为和认知性都不会处于最佳状态（但是，
在我们日常生活中，如果不通过药物调整，很少出现多巴胺分泌
过剩的情况）。

另外，多巴胺可以从众多信息中排除非意图信息，以提高认
知性。另一方面，去甲肾上腺素可以提高我们对所有信息（既包

图 6　多巴胺与去甲肾上腺素的作用

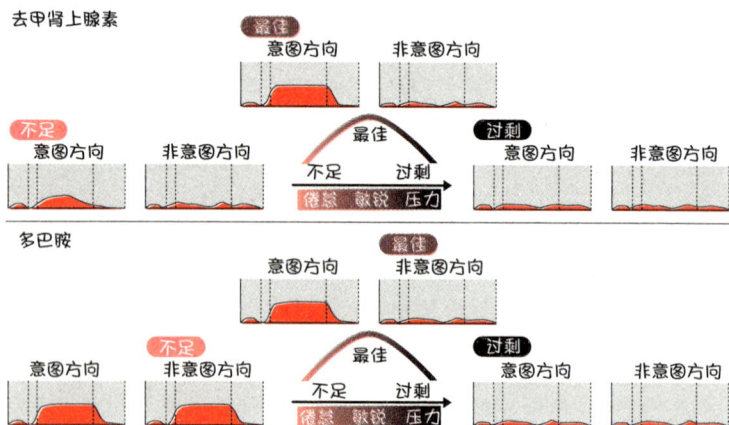

根据 Arnsten, A. F. (2009). Stress signalling pathways that impair prefrontal
cortex structure and function. *Nature reviews Neuroscience*, 10, 410-22. 制成。

括意图信息，也包括非意图信息）的认知性。

因此，当我们想要提高自身动力，让自己专注于某件事，并发挥出最大能力的时候，就离不开"去甲肾上腺素作用"和"多巴胺作用"，二者缺一不可。去甲肾上腺素使我们处于战斗状态，在这种作用下，我们会有意识地寻找信息。同时，多巴胺使我们兴奋起来，并有意识地寻找意图方向的信息，从而使我们把注意力集中到必要的信息上，以免为多余的信息浪费精力。

多巴胺和去甲肾上腺素还有另一个特征。

当我们分泌多巴胺的时候，容易合成"β-内啡肽"[1]（BE）。β-内啡肽还被称为脑内吗啡，是一种快感物质。另一方面，我们分泌去甲肾上腺素的时候，容易合成"皮质醇"[2]。当人处于战斗状态时，会分泌皮质醇，这是一种压力荷尔蒙。

也就是说，当出现诱发某种行动的要素时：

（1）β-内啡肽产生"想进一步行动"的快感。

（2）皮质醇产生"不想干了"的压力。

矛盾的两方面同时开始工作。两者的平衡，是决定行动能否长久持续的指标之一。

因此，了解多巴胺和去甲肾上腺素的关系，是分析人类行为、动力的关键。

_____

1. β-内啡肽：一种神经传导物质。其镇痛效果是吗啡的数倍，可以使人产生兴奋感、幸福感。

2. 皮质醇：一种肾上腺皮质激素。人体需要适量的皮质醇，如果在精神压力的作用下，过度分泌皮质醇，会使大脑海马体发生萎缩。

根据上述两种神经传导物质的分泌状态，我把动力整理为四种类型。图 7 中的纵轴是多巴胺的分泌量，横轴是去甲肾上腺素的分泌量。在这里，我重点解说高级机能背后的动力。

（1）低空飞行的"惰性动力"

在图 7 中，左下方的象限展示的是去甲肾上腺素分泌量少、多巴胺分泌量少的状态，这是低空飞行的"惰性动力"状态。极端的例子（原点位置）就是"完全无气力的状态"。我认为这种状态已经属于疾病状态，是非常极端的状态。

不过，多巴胺和去甲肾上腺素分泌量都非常少的行动类型，也属于这个象限的范畴。也就是"没有多大的追求，也没有多大的压力"的行动状态。

图 7　动力的四种类型

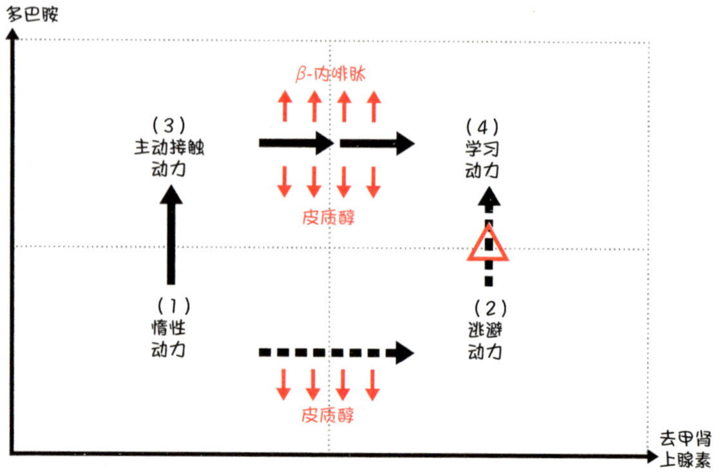

有的人刚刚处于这种状态时，会感到一些压力，但随着时间的流逝，习惯这种状态后，就不会再感到有压力了。当人靠记忆驱动（driven）重复模式行为的时候，人脑很可能处于这个象限的状态。可以说，这个象限是不想挑战新事物、不想学习的行动类型。

（2）不得已而做某事的"逃避动力"

当人脑内去甲肾上腺素分泌量大，多巴胺分泌量小的时候，人就处于右下方象限的状态，即"逃避动力"状态。如字面意思，就是因为讨厌而产生逃避行为的动力。当人面对不太喜欢的事情时，会产生这样的动力。也就是多巴胺分泌量很少，人主要在去甲肾上腺素的驱动下采取行动的状态。

在这种状态下，因为多巴胺分泌量很少，再加上面对的"不是自己想要的东西"，此时的人容易受到外界的干扰，注意力分散，不容易集中。

因此，在这种状态下学习或工作，效率是非常低下的。另外，处于去甲肾上腺素驱动的状态时，人还容易积累精神压力。为什么会这样？因为当去甲肾上腺素处于优势地位时，负责"战斗或逃跑"的交感神经也就处于优势地位，而这种状态正是容易分泌压力荷尔蒙皮质醇的状态。

另外，皮质醇过度分泌会使大脑的扁桃体过度活性化，导致前额叶皮质的活动变弱，**从而使大脑的状态接近"正在做一件与自己想象中不同的事情"**。也就是说，自己的意志难以工作，陷入一种不得不做自己不喜欢的事情的状态。

在逃避动力下的行动，是难以长久持续的。在很多情况下，这种状态会使人心中积累精神压力，从而想逃离当前的状态。只有在第三者的强制下，这种状态的行动才能持续下去。也就是说，有人给我们施加强大的压力，让我们停止思考，强制我们去做某件事情。如果在逃避动力下的行动过度重复，人容易患上抑郁症等精神疾病。

（3）挑战新事物的"主动接触动力"

图7左上角的象限是多巴胺驱动的状态。这种状态被称为"主动接触动力"，多巴胺分泌量大，去甲肾上腺素分泌量小。这是一种面对自己喜欢的刺激或信息的状态，行动会指向新的信息或场所。因为在过去的类似体验中获得过极大的快感，人在采取"主动、强烈地追求"行动时，多半处于"主动接触动力"状态。

在这种状态下，大脑分泌了大量的多巴胺，因此人的注意力不容易受到外界干扰因素的影响。不过，这时虽然人具有一定的专注力，但因为去甲肾上腺素分泌量较少，所以去甲肾上腺素的注意力强化作用不会得到发挥。

由此可见，这种状态与多巴胺和去甲肾上腺素同时大量分泌的状态相比，认知能力还是要差一些的。换句话说，虽然在做自己想做的事情，但注意力无法完全集中。

主动接触动力容易在初学或者无知的状态下发生。在自以为是的想象中，认为"自己应该能做成点什么"，这种心理诱发多巴胺的分泌，从而促使人朝着自己想象的方向采取行动。图8显示的人类自我认知研究也可以说明这一点（此图同时显示了我们人类的超认知有多弱）。

不管是在幽默方面、理性思考方面，还是语言理解方面，实际得分越低的人，事先越容易高估自己的分数。也就是说，这部分人对自己能力的预估有高于实际能力的倾向。因为人学习得越少，就越不容易认识到自己的不足，于是出现高估自己的倾向。这是不是说明我们人类的自我认知能力非常低下呢？其实不然。

正是因为我们具有面对未知事物时高估自己能力的倾向，我们才敢于积极地去挑战新事物。

科学界早已发现，多巴胺是促使人们进行尝试（TRY）的重要神经传导物质。在以老鼠为对象的实验中，科学家发现多巴胺的分泌量越多，它们越敢挑战难度高的任务，或者说，它们挑战的概率越高。

另外，多巴胺也是促使人类开始行动的重要神经传导物质。

图8 自我认知能力与实际测试结果

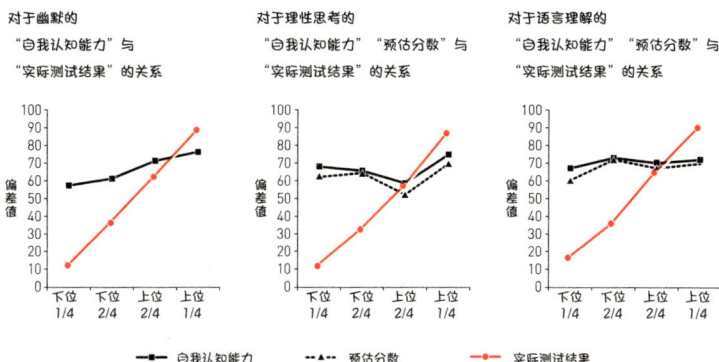

根据 Kruger, J., & Dunning, D. (1999). Unskilled and unaware of it: How difficulties in recognizing one's own incompetence lead to inflated self-assessments. *Journal of Personality and Social Psychology*, 77(6), 1121-1134. 制成。

一旦行动已经实施，获得相应的刺激或信号后，多巴胺就不容易分泌了。只有发现刺激，并追求刺激（行动前）时，即探索（SEEK）阶段，才容易分泌多巴胺。

在多巴胺的作用下，我们获得想要的信息或知识后，伴随而来的快感会促进β-内啡肽的合成。这时，美妙的心情会作为情绪反应记忆存储于脑中，下次再遇到同样或类似的信息，我们的反应速度就会提高。

但是，我们获取新知识的过程非常困难，因此积极的反馈就会非常少，愉快的体验也非常少。导致我们无法发挥出自己的能力，甚至无法处理眼前的信息，大脑就会处于高压的状态。在这种状态下，β-内啡肽是很难合成的。因此，为了提高大脑能力、提高注意力，就会诱发去甲肾上腺素的分泌。如果这样还是不能顺利获取新知识，那么诱发压力荷尔蒙分泌的概率就会大大提高。

这时，再去强行学习新知识，我们就越会发现现实与理想的差距，从而在头脑中浮现出自身的不足。结果，精神压力越积越大，消极的情绪反应也越来越多。最终，学习新知识的挑战就难以持续，最初那高涨的干劲也消失殆尽，很快就会放弃。

这就说明一个问题，**只是凭借多巴胺诱发的行动很可能难以长久维系，多半会半途而废。**或者说，虽然一开始是自己想做的事情，但做着做着就会不知不觉变成"被人强制要求做"的感觉，从而变成图7右下方象限的状态——"逃避动力"。

由此可见，"主动接触动力"并不是让人长期坚持某种行为的动力。行动或学习的难度越高，越容易从"主动接触动力"变成"逃避动力"。从高级大脑机能动力的观点来看，如何从"主动接触动力"转变为右上象限的"学习动力"非常重要。

　　(4) 将挑战变成持续学习的"学习动力"

　　最后为大家介绍图 7 右上方的象限——去甲肾上腺素和多巴胺都适量分泌的状态。这种类型的动力被称为"学习动力"。**去甲肾上腺素和多巴胺都适量分泌状态下的行动，在这两种神经传导物质自身的作用下，可以带来行动的持续性，并形成很强的记忆。可以说，这是进行一切类型学习时，最佳的头脑状态。**

　　前面已经介绍过，我们成年人在学习的时候是要消耗能量的，因此也会承受一定的压力。学习的知识、技能，难度越高，承受的压力也就越大。但是，压力的来源——去甲肾上腺素的反应，不一定都是坏的。或者说，它还可能为我们提高对目标对象的认知性（专注力、记忆固定率）提供一种潜在的可能性。以多巴胺驱动的"主动接触动力"为基础，再加上去甲肾上腺素的效果，就形成了加速我们学习、成长的"学习动力"。

　　多巴胺和去甲肾上腺素两种神经传导物质，并不是简单的并列关系，大家一定不要忘记，多巴胺是先于去甲肾上腺素分泌的。为什么多巴胺先分泌？因为多巴胺是在行动和获取信息之前就分泌的。在实际获取信息、实际采取行动之后，才会分泌去甲肾上腺素。

　　在行动开始时，之前分泌的多巴胺越多，人就越能够面对更大的困难，更容易集中注意力。而且，这个过程中如果获得快感刺激，根据多巴胺的分泌量，β-内啡肽的分泌量也会增加。

　　之前讲过，分泌去甲肾上腺素时，我们会感受到压力，而β-内啡肽具有缓和压力的作用。也就是说，β-内啡肽具有生态恒常性[1]的作用，它可以让我们从压力状态返回平衡状态。关于β-内啡肽的具体作用，我将在第二章讲解精神压力的时候为大家介绍。

另外，作为生态恒常性作用的一环，促进血清素的分泌或切换到副交感神经，可以让学习动力状态得到长久维持。我们要想维持好学习、成长的动力，就要学会和精神压力打交道的方法。希望大家在读第二章《精神压力》的时候，头脑中时刻意识到压力和动力的关系。只有这样，才能更加深刻地理解压力和动力。

总而言之，维持学习动力状态的前提是，必须保证多巴胺足够的分泌量。有了足够的多巴胺，才能保证去甲肾上腺素与多巴胺共存，才能发挥二者的相乘效应，也直接关系到副交感神经和血清素的辅助作用的发挥。

把握"逃避→主动接触→学习"的动力变化流程

请大家思考一下，当我们学习某个新事物时的动力变化流程。假设我们开始学习时，是由多巴胺驱动的"主动接触动力"状态。在学习过程中，如果遇到不顺利的情况，就可能放弃学习。或者在勉强自己默默坚持的过程中，不知不觉陷入"逃避动力"的状态。再进一步，如果最初的意图、目的、动力，没有在头脑中形成足够深刻的记忆，还可能继续恶化，进入低空飞行的"惰性动力"状态。

原本学习新的事物，就有使人产生压力、带来逃避情绪的倾向。因此，一上来就以主动接触动力学习新事物的情况比较少。

1.生态恒常性：生物体内的器官根据外部环境或身体的变化，调整体温、血流等内部环境，使其保持在一定的范围内，以适应生存需要的性质。

反而是以逃避动力的状态开始学习新事物的情况比较多。其实，这并不一定是坏事。因为最初以逃避动力开始学习新事物，在硬着头皮尝试的过程中，也许就能体验到新事物的魅力，进而诱发主动接触动力，最终甚至可以演变为学习动力。

但是，如果以逃避动力的状态开始学习新事物，最初容易把注意力都集中到消极因素上。所以，如果以逃避动力的状态开始学习新事物，又想长期坚持下去，一定要让自己多注意学习过程中的积极因素，为自己寻找好的体验。

在刚开始挑战、学习新事物的时候，自己能力的不足以及缺点似乎更加明显。因此，自己也好，身边的人也罢，一定要有意识地忽略那些负面因素，多关注自己的长处、进步和希望，周围人也要对学习者多加鼓励。只有这样，才能长期维持学习的动力。

对新事物的学习动力，还取决于我们平时对待新事物的态度。

当我们以主动接触动力状态开始学习新事物时，必然需要大量的去甲肾上腺素参与。可大量分泌去甲肾上腺素，又会导致皮质醇的大量分泌。而大量的皮质醇，容易让我们因压力而放弃挑战，从而半途而废。这个时候，如何认识失败，也是能否维持学习动力的关键。

很多人容易忽视自己的失败，不把失败当作失败。认识到自己的失败，才是我们成长的关键。

当失败时，只有认识到失败，并认真分析失败的原因，把原因当作成长的养分，才能把消极的情绪反应转化为积极的情绪反应。只有具有这种认知能力的人，才能持续不断地挑战，才能实现**真正的成长**。向新事物发起挑战，失败才是正常情况。之前大脑并没有积累相关经验，所以做不好是无可厚非的。这个时候对待失败的态度，就是成功者与失败者的差别。如果此时败给皮质醇带来的压力，止步于失败，也不反思原因，注定成为失败者；如果能够调整心态，积极应对皮质醇带来的压力，总结经验教训，继续发起挑战，最终必将走向成功。

培养动力的提示 5

享受"新事物"

对"新事物"产生消极反应，是生物的正常反应。科学家发现，现代人对"新事物"的消极反应有过度的倾向。实际上，我们应该拥抱"新事物"，从内心深处享受新知识、新体验。

在心中把失败当作一种幸运

新的尝试，在大多数情况下，都会以失败告终。人容易对失败产生嫌弃、逃避的念头。然而，当人意识到失败的时候，也正是认识到自己成长差距的时候。因此，成长的第一步是在心中把失败当作一种幸运。

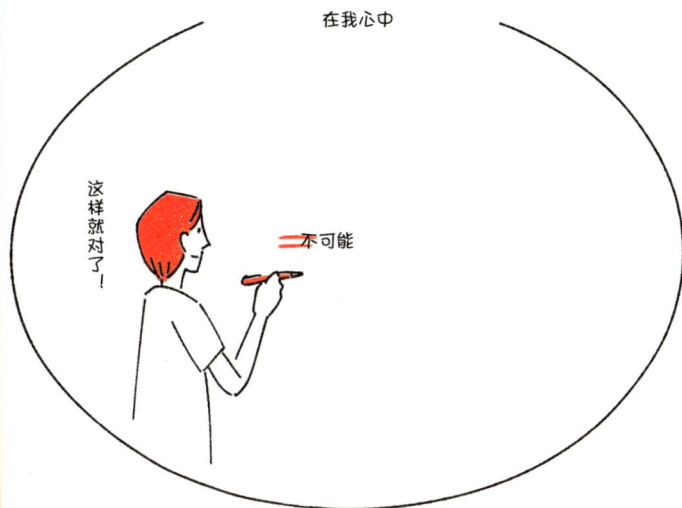

05

动力与心理安全状态

在谈及提高动力的话题时，有一个关键词非常重要，那便是"心理安全状态"。心理安全状态和精神压力也有着密不可分的关系，这两个因素的详细关系，我将在第二章中为大家具体解说。在这里，我只讲解心理安全状态与动力的关系。

● 创造一种让想象的行动可以实现的"心理安全状态"

请大家看下一页的图9，左右两侧的图显示的是人处在不同心理状态时大脑的状态。当人感到安全无危险的时候，大脑处于左图的状态。在这种状态下，人想象的行动容易付诸实施。

右图显示的是当人感到不安、危险、恐惧的时候，大脑所呈现出来的状态。在这种情况下，大脑的一个显著特征便是扁桃体过度活跃。当扁桃体过度活跃的时候，大脑就感知到了生命危险的存在，于是，前额叶皮质的功能就停止运行了。大脑感知到生命危险的时候，就会下达命令："现在不是思考的时候，赶快逃命！"或者，优先"战斗"模式。也就是说，当人处于心理不安全状态的时候，就会丧失自上而下的有意识思考能力，也会丧失对不恰当行为的抑制能力。因此，这时的我们很可能做出与预想完全不同的行为。

这样看来，在讨论动力的时候，心理安全状态是一个绕不开的话题。因为我们都想让自己的动力用在自己预想的行为上。也就是说，要想让我们的动力发挥在自己预想的行为上，前提就是

图 9　心理安全状态与心理不安全状态

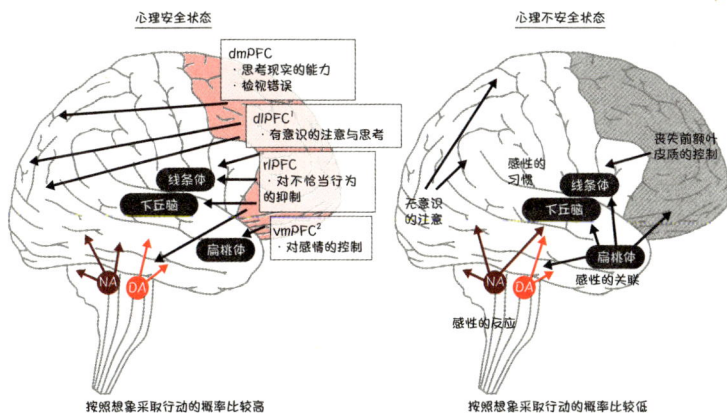

根据 Arnsten, A.F.(2009). Stress signalling pathways that impair prefrontal cortex structure and function. *Nature reviews Neuroscience*,10,410-22. 制成。有下划线的部分为作者追加。

创造心理安全状态。

　　心理不安全状态多源自恐惧和不安，但也有其他原因。

　　原因之一是遇到自己的大脑完全没有记忆的信息。对于新事

―――――――――

　　1．dlPFC：背外侧前额叶。其作用是大量参考价值记忆、情节记忆、感情记忆，根据过去的经验进行类推，进而做出判断。人在自己做决定的时候，会使用这块大脑区域。

　　2．vmPFC：腹内侧前额叶，位于前额叶皮质的底部中间位置。我们通过自己的体验获得的有价值的记忆，就会保存在这里。另外，该部位还与直觉判断有关。

物、不同的事物，我们的头脑容易产生抗拒反应。与自己的想象不同的信息、全新的信息，容易引发我们的心理不安全状态。结果，我们就会自然地回避这些信息，否定这些信息。人在毫不知情的、混沌的状态下，就容易感到不安或恐惧，从而产生回避、否定的情绪。其中最大的理由，就是记忆中不曾有类似的信息。

那么，如何才能将心理不安全状态转变为心理安全状态呢？

首先，我们应该设定目标或明确目的。请您回想一下，从小到大，父母、老师、上司等，有数不清的人曾对您说："请设定一个目标！"为什么一定要设定目标呢？因为没有目标、不明目的，人就容易感到不安和彷徨，难以前行。设定目标、明确目的之后，就可以尽量消除模糊、混沌的信息，使人处于心理安全状态。同时，设定目标、明确目的还能刺激多巴胺的分泌，为人提供不断前行的动力。

在混沌无知的状态下，人容易感到不安或恐惧，这是人脑的特性。我们首先要了解自身的这种特性，接下来就是要接受这种状态，这一点非常重要。为什么非常重要？因为在我们经历的事情中，并不是所有事都有明确的目标或目的，但我们不能为此就裹足不前。接受这种混乱、不确定的状态，并享受不确定性带来的冒险体验，反而是挑战新事物、学习新知识的重要动力之一。反过来说，设定了目标、明确了目的，并不意味着就一定能够持续做下去，直到成功。

有一句著名的格言——"无知之知"。

这句格言的意思是，知道自己的无知非常重要。人要知道自己不知道什么，知道自己不会做什么。如果一个人似乎感觉到自己不知道，但又不清楚自己到底不知道什么，那么他的心理安全状态就很容易被打破。也就是说，"总感觉"自己不知道，"无意中"发现自己不成熟，这种混乱的心理状态，是导致心理不安全状态的重要原因。

知道自己不知道，认识到自己的不成熟与不足，才能促使我们去寻找答案，探究解决问题的方法，从而创造出使自己成长的机会。

提高动力的大前提，是心理安全状态。如果无法保证心理安全状态，人就不会产生动力，去挑战新事物、学习新知识。在这种状态下，我们产生的都是逃避动力、逃避精神压力的动力，逃避是为了保护自己的生命安全。

为了保持心理安全状态，我们需要具备一定的压力管理能力，关于这种能力，我会在第二章为大家详细说明。

培养动力的提示 6

接受"模糊""无知"

　　"不知道的事物""模糊不清的事物",其实就是在我们头脑中没有记忆或记忆不清晰的事物,这种事物会被我们认定为"新""异"的事物。人容易对"新""异"的事物感到不安和恐惧。了解了这样的认知特性后,我们应该学会接受自己的"模糊"与"无知",甚至应该把"模糊"与"无知"当作成长的机会。能认识到自己的无知,其实是一种幸运。我们设定目标的意义,就在于消灭自己的无知,打破模糊的认识。

心理安全是大前提

　　提高动力的大前提是维持心理安全状态。调整心理安全状态的技能和创造心理安全状态的技能,都是很重要的。

06

多巴胺对动力的作用

● 多巴胺可以制造出很强的动力

我们先来探讨一个本质问题——为什么动力那么重要？

"动力强"，在我们眼中是一种积极、正面的形容。而且，几乎所有人都认为"动力强"是一件好事。因为在大多数情况下，"动力强"可以诱发出"想做、应该做"的行为。**进一步讲，动力强的话，人的注意力、集中力、记忆固定率也会比较高**。另外，从本质上看，强大的动力还具有制造出"快感状态"的功能。由此可见，从多个角度看，动力都是非常重要的。

神经科学领域研究动力的时候，大多会参照大脑"报酬回路"来进行分析。报酬回路这一系统的中心是"腹侧被盖区"。可以说，腹侧被盖区是大脑动力的源泉，也是一个分泌多巴胺的神经细胞群。

下页的图 10 展示的是腹侧被盖区释放多巴胺的线路图。我们如果能把每一条线路都认真研究清楚，就会对动力有更加深入的理解。

当我们处于动力很强的状态时，大脑是怎样的情景呢？

此时的大脑状态，大体上可以分为两种，一种是多巴胺大量分泌的状态，另一种是去甲肾上腺素大量分泌的状态。**当人对外界充满好奇心，主动想做什么事情的时候，主要是多巴胺大量分泌的状态**。另一方面，当人讨厌什么、极力想逃避什么，或者顶着很大的压力做事情的时候，主要是去甲肾上腺素大量分泌的

图 10　腹侧被盖区释放多巴胺的线路

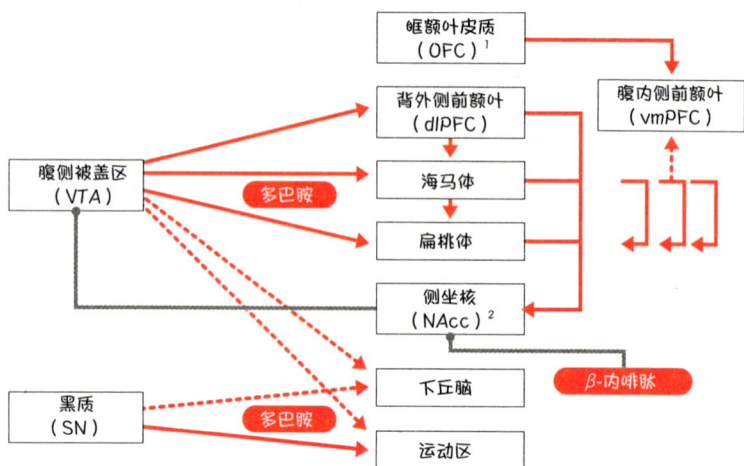

状态。

　　前面也介绍过，在大量分泌多巴胺的状态下，适量分泌去甲肾上腺素也是非常必要的。在这一小节中，我主要介绍多巴胺的有用性，及其背后的原因。

　　1．眶额叶皮质（OFC）：位于前额叶的侧腹面。该部位会参照过去保存的价值记忆，分析眼前的事物对自己是否有价值，然后当即做出决断，这也叫作"报酬预测"。

　　2．侧坐核（NAcc）：负责处理快感、报酬、热情、嗜好、恐惧等信息的重要部位。

● 用"SEEK""WANT""TRY"来调整动力

　　如图 10 显示的那样，我们所追求的强大动力，受腹侧被盖区（VTA）和黑质（substantia nigra,SN）分泌的多巴胺影响极大。

　　其中的一种状态，叫作"SEEK"。

　　"SEEK"有寻求、追求的意思。简言之，就是一种"似乎发现有什么对自己是有好处的"，虽然还不是很清楚那是什么，却知道有这种可能性，于是便去主动寻找这种快感的情绪反应。好奇心、探索心，都源自这种情绪反应。

　　与"SEEK"相似的，还有"WANT"状态。

　　人在体验过一次快感之后，已经"学习过"这种感受，于是想再次感受这种快感的时候，就产生了"WANT"情绪。"学习过"的感受，因人而异。因此，一个人记忆中存储的"曾经体验过的快感"对个人动力发挥着很大的作用。举例来说，一个有收集爱好的人，每次收集都会得到某种喜悦的感受；而一个渴望获得别人认可的人，每次获得认可，都会感到快乐。

　　对于"SEEK"和"WANT"两种状态，我们有必要分开来理解。

　　在商务工作中，人们一般格外强调"WANT"的重要性，但实际上，我觉得"SEEK"是更高一级的情绪状态。为什么这么说？

　　"WANT"是在已经体验过某种快感的基础上，再次寻求这种快感体验。因此，产生动力不会伴随任何痛苦或纠结。但是，"SEEK"是对未知结果的某件事产生追求的欲望，只知道最终有获得快感的可能性，追求这种模糊的快感，无疑背负了一定的风险。在承担风险的前提下，依然产生动力，可见"SEEK"动力要比"WANT"动力更高一级。

在多巴胺大量分泌的状态下，除了"SEEK"和"WANT"情绪外，还会产生"TRY"的情绪反应。多巴胺可以把人引导到"向更难的任务发起挑战"的思维模式上来。

图11是以老鼠为对象进行的实验。图中的横轴显示的是"为获得美食必须按压横杆的次数"，也就是"努力的强度""辛苦的程度"。纵轴显示的是"消耗的美食的量"。也就是说，越努力越容易得到美食。

图11　对老鼠进行的多巴胺分泌实验

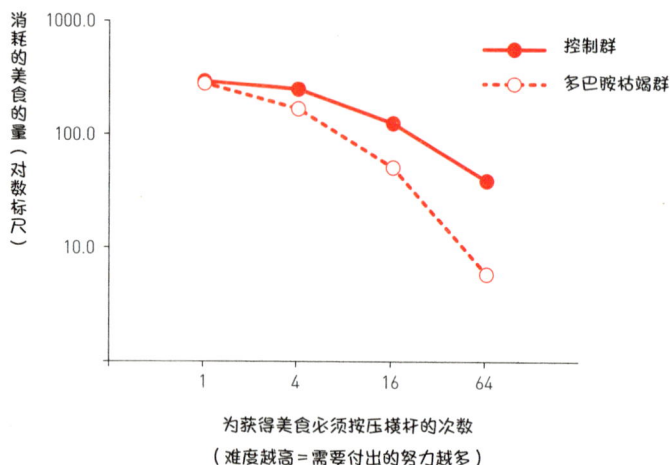

为获得美食必须按压横杆的次数
（难度越高＝需要付出的努力越多）

根据 Gruber, M.J., Gelman, B.D., & Rangnath, C. (2014). States of Curiosity Modulate Hippocampus-dependent Learning via the Dopaminergic Circuit. *Neuron*, 84 (2), 486-496. 制成。

图中的曲线已经清晰地显示出了实验的结果。实线为控制群的数据，即普通状态的老鼠的实验结果。虚线为多巴胺枯竭群的数据，即不容易分泌多巴胺的老鼠的结果。

从图中的两条曲线，我们可以得出以下两个结论：

（1）多巴胺枯竭的老鼠，挑战困难任务的欲望比较低下，即使开始挑战，也很快就会放弃。而比较简单的任务，即使得不到美食，只能得到一般的食物，它们也会去做。

（2）多巴胺枯竭的程度越少，老鼠越愿意付出努力去获得美食。

这个实验也说明，对于激发挑战困难任务的欲望，多巴胺的作用非常明显。

一般来说，当我们的大脑分泌皮质醇的时候，我们就容易出现打退堂鼓的情绪。但是，多巴胺的作用之一就是抑制放弃情绪，并激发我们挑战的动力。

● 多巴胺具有提高专注力的效果

当我们处在动力强的状态时，也就是多巴胺分泌量大的状态时，我们还能获得其他很多好处。为了理解这个问题，我们先要了解分泌多巴胺的部位在大脑中的解剖位置，以及多巴胺会对大脑的哪些部位发生作用。

腹侧被盖区（VTA）对以背外侧前额叶（dlPFC）为首的前额叶皮质发生作用。

如果有人对我们说一串随机数字，比如，"3、4、5、4、2、1"，我们马上也能复述出"3、4、5、4、2、1"。虽然是一串没有规律的随机数字，但在我们的大脑中保存几秒钟是没有问题的。但30分钟后，还能准确记起这串数字的人寥寥无几。在我们头脑中，掌管短期记忆的是"工作记忆（WM）"。一般来说，工作记忆可以在短期内记忆5～9位随机数字或字母。

多巴胺具有增强短期记忆信息处理能力的作用，并且能够排除多余的信息。由于多巴胺的大量分泌，我们可以把注意力集中在自己关注的事情上，换句话说，就是"自上而下的注意力"得到了提高。进而，我们的专注力、思考能力都得到了提高。另外，随着短期记忆能力的提高，大脑能展现的信息范围也拓宽了，于是，想象力也随之提高。

● 多巴胺还有提高记忆固定率和学习效率的作用

我们头脑中与记忆相关的重要部位有海马体和扁桃体，多巴胺也会作用到这两个部位。

我们经历的某件事情的情节和事实，会以"情节记忆"[1]的形式保存在海马体中。估计很多朋友也听说过，海马体是存储记忆的重要部位。

另外，扁桃体也与记忆息息相关，扁桃体的大小与我们的拇指指甲相当。当遇到事情的时候，我们的感情反应会以"感情记

---

1. 情节记忆：对个人经历的事件的记忆。举例来说，昨天我和谁在哪里一起吃的晚餐？晚餐吃的什么？这样的记忆，就属于情节记忆。

忆"[1]的形式保存在扁桃体中。

从解剖学的角度看，海马体和扁桃体是连接在一起的，它们之间的联系也非常紧密。**当我们回想起曾经经历的某件事时，也会引起相应的感情反应。**记忆的这种原理，常用"海马体处于上层，扁桃体处于底层"来表示。当我们回想起某件事的情节时，当时的感情也随之复苏。您是否也有类似的经历？相信大多数朋友都如此。

当多巴胺大量分泌的时候，我们处于"寻求"的状态，即对某些信息充满兴趣，此时大脑的反应是"想知道、想学习"。而当多巴胺作用于海马体、扁桃体的时候，神经细胞之间会形成强力的联系（长期增强）。

换句话说，就是多巴胺可以让记忆更容易固定下来。

因此，我们在学习某种知识的时候，充满兴趣和好奇心非常重要，因为这样可以让我们的头脑处于"想知道、想学习"的状态。而且，我们在教别人知识的时候，首先应该考虑的是如何激发对方的兴趣，这将极大地影响对方学习的效率和记忆的固定率。

话虽如此，但有些时候，我们就是难以对学习的内容提起兴趣。遇到这种情况，又想继续学习，就需要使用一些技巧。**关键就是在学习的时候，想办法让自己分泌多巴胺。**举个例子，假设我们对"学习的内容"不感兴趣，我们就可以想办法让自己对"教知识的人"产生兴趣，或者把学习的场所、氛围打造得舒适、温馨。

---

1. 感情记忆：对个人经历的事件所伴随产生的感情的记忆。举例来说，昨天我吃晚餐时怀有什么样的心情，这就是感情记忆。

这样，刺激了多巴胺的分泌，同样会让自己产生学习的热情。

很多朋友上学时都有自己喜欢的老师，跟这样的老师学习，就会感觉轻松愉快，而且成绩提高得也快。为了老师而努力，实际上付出的努力让自己收获了知识，这就是多巴胺和 β-内啡肽的作用。

● β-内啡肽让学习行为可持续

前面我们已经讲过，多巴胺可以帮我们提高专注力、想象力和学习效率，也就是说，可以提高我们的能力和工作、学习的生产性。但是，如果只是一次性的提高，没有持久的效果，那么意义也不大。不过，我们头脑中还有一套辅助多巴胺的构造。那便是被称为"脑内吗啡""快感物质"的β-内啡肽。

多巴胺被分泌出来后，也会向侧坐核发送信号。侧坐核判断出没有必要继续分泌多巴胺的时候，就会向腹侧被盖区释放一种名为GABA的抑制性神经传导物质，给我们发出"离开这个对象"的指令，而β-内啡肽具有抑制侧坐核的作用。

也就是说，当我想追求什么，怀着兴趣和追求对象进行接触，感觉到"快乐"的时候，大脑就会分泌β-内啡肽。而β-内啡肽对"抑制腹侧被盖区的侧坐核"进行抑制，从而使多巴胺一直处于容易合成的状态。

当愉快的信息使我们产生学习萌芽的时候，维持这种愉快感受的构造，便开始在大脑工作了。我们在做某件事情的时候，体验到的愉快感受，是诱使我们坚持做下去的重要因素。

　　从人脑的这种运转机制上，我们可以发现，学习的时候营造一种"轻松的氛围，让头脑感到愉快"是多么重要。因为这样可以让多巴胺持续发挥功效。

　　从这个观点出发，我们就能体会到团队行动中"破冰"的重要意义了。"破冰"活动可以消除团队成员的紧张感，营造心理安全状态，不仅能让前额叶皮质处于活跃状态，还能让大脑的专注状态长时间持续下去。但关键在于，"破冰"活动是否真正给团队成员带来了快乐的感受。如果"破冰"活动流于形式，无法给成员带来真正的快乐体验，就无法取得实际效果。

　　我们在工作、学习的过程中，由去甲肾上腺素带来的紧张感，当然有助于注意力的集中、效率的提升。但是，要想更加有效，还要加上"使人自发追求"的多巴胺，以及让人感到快乐的β-内啡肽。只有这些大脑的物质适量、平衡地分泌，才能打造最佳头脑状态，也就可以让我们的注意力持续集中，记忆固定率大幅提高，从而实现高效率的工作和学习。

　　另外，动力作为行动的第一步，是非常重要的。实际上，多巴胺还会作用于我们头脑的运动区，激发我们的探索、接近、获取等一系列身体动作。

　　像前面介绍的那样，以多巴胺为中心的系统，在我们的大脑中不停运转，以提高我们的体验、价值和动力。而且，多巴胺还会作用于负责记忆的海马体和扁桃体。把握住以上这些要点，是了解动力形成的原理、激发自身动力的基础。

07 为提高动力，我们需要留意的事情

● 通过体验学习和价值记忆来锻炼我们的直觉

当人类反复多次体验同一件事情、产生同样的感情之后，形成的记忆就不仅仅保存在海马体和扁桃体中，还会保存在大脑中的另外一个部位。这个部位叫作腹内侧前额叶（vmPFC），位于前额叶皮质的底部中间位置，我们通过自己的体验获得的有价值的记忆，就会保存在这里。

位于前额叶侧腹面的眶额叶皮质（OFC），可以提取价值记忆，这种功能叫作"报酬预测"。眶额叶皮质会参照过去保存的价值记忆，分析眼前的事物对自己是否有价值，然后当即做出决断。

不过，要对价值形成记忆，并做到当即进行判断，需要反复多次体验，并对记忆不断强化，这需要一个长时间的固化过程。我们形成自己的价值观不是一件简单的事情，原因就在于此。因为在反复多次的体验中，会经历各种各样的事情，并产生各种各样的感情，我们需要对这些经历和感情进行反复记忆，才能逐渐形成自己的价值观（当然，因为经历的事情不同、感情激烈程度也不同，所以要经历多长时间才能形成成熟的价值观，也是因人而异的）。

体验学习，是情节记忆和感情记忆的"汇总"。通过反复的体验学习，我们大脑形成的独特学习模式就会向价值记忆转变，然后保存在腹内侧前额叶中。经过这样的状态变化，当我们把一个事物认定为有价值时，大脑就会对其产生"LIKE"的反应。

"LIKE"与"WANT"相似，但也有些许不同。"WANT"

是"'想要'的情绪反应"，而"LIKE"还包含"对学习完成后的快感的判断"。

这个"LIKE"和"直觉"很接近。

所谓直觉，就是迅速判断一个对象能否给自己带来快感，即所谓的"GO"与"NO GO"。直觉的判断是瞬间做出的。直觉判断的标准，也受到"通过体验学习获得的价值记忆"的极大影响。关于直觉判断，"GO"是由腹内侧前额叶负责，"NO GO"由额下回[1]（inferior frontal gyrus, IFG）负责。

提到直觉，可能很多朋友觉得它是一种毫无根据的感觉，过于主观，没有物质基础。但实际上，我们每个人都有直觉判断的经历，比如，您肯定也曾第一次见到某个人，就马上判断出"自己喜欢他或讨厌他"。这正是我们大脑物质变化的外在反应。

只不过，我们很难认识到直觉是根据以前的哪些记忆做出判断的，所以才会觉得它很玄妙。实际上，我们的大脑有一套生物机制，可以将记忆信息模式化，认识这种生物机制和认识我们记忆的进行过程一样困难。

但是，毋庸置疑，直觉也是我们的头脑根据从以往的经历中得出的价值记忆做出的反应。所以，我们不能因为它"不过是一种感觉"，就小看它。反而应认识到，提高直觉能力，可以帮助我们提高迅速决策的能力。

为了提高直觉能力，我们平时就要关注自己的感情、感觉。

---

1. 额下回：前额叶的一部分。参与对行为的抑制，另外，当我们进行语言处理或说话的时候，这一部位也处于活跃状态。

我们平时在做决定或采取行动的时候，怀有怎样的感情、感觉，而最终的结果又如何，这都是需要我们联系起来反思的。把我们在做决定、采取行动的过程中，头脑的状态与最终结果联系起来反思学习，是提高自觉能力的重要途径。

● "自己现在有什么感觉？"随时关注自己的状态

我们动力强的状态，有很多种情况。那么，我们是如何获得较强动力的呢？其实，只要根据"SEEK""WANT""TRY""LIKE"四种情绪进行分析，就能找到答案。

另外，了解怎样才能促进多巴胺的分泌，也很重要。如果知道"当我感觉'SEEK''WANT''TRY''LIKE'的时候，多巴胺更容易分泌"的道理，就会对我们的快感预测、报酬预测有所帮助。因此也可以说，只要弄清楚自己的"SEEK""WANT""TRY""LIKE"状态各是什么，就可以有效地提高自己的动力。

"我们的头脑重视事实"，很多文献都持有这样的观点。

实际上，除了事实，我们的头脑也会处理感情等非语言信息，而且，感情对我们的影响力还异常强大。因此，我们要关注非语言的信息，尝试把非语言的反应用语言的形式表现出来。

在商务工作中，商务人士会以日记、日报、月报的形式，对一段时间的信息进行总结、反省。在这个过程中，把实际发生的事实记录下来固然重要，但记录当时的感觉、为什么会产生那样的感觉，同样重要。对我们人类来说，感情、感觉是和行为直接联系在一起的，这就是我们人类头脑的一种构造和功能。

培养动力的提示 **7**

观察自己的直觉

　　直觉是了解自己的价值记忆的好线索。我们通过观察自己的直觉，可以了解什么是激发自己的动力的材料，什么是阻碍自己的动力的材料。

你从哪里来？

直觉

要想充分发挥多巴胺的作用，我们必须了解自己在什么时候"最容易分泌多巴胺"。为此，我们需要在平时多留意自己在什么情况下，容易进入跃跃欲试或热血沸腾的状态。这样的自我审视非常必要，也非常有效。

另外，当意识到自己处于跃跃欲试或热血沸腾的状态时，不要仅仅停留在"意识到"的层面，还要学会"反刍"，即回忆当时的感觉，反复玩味当时那种"跃跃欲试或热血沸腾的状态"。这样一来，不仅受到刺激，可以让自己跃跃欲试、热血沸腾，而且通过回想当时的感觉，也可以让自己跃跃欲试、热血沸腾，也就是提高了自己控制多巴胺的能力，让头脑处于更容易分泌多巴胺、更容易提高动力的状态。

总而言之，我们需要进行自我训练，在动力强的状态下，留意自己内心的状态，反复玩味这种状态，然后，在有需要的某一时刻，回忆起当初动力强的状态和感觉，这样就可以将头脑调整到容易提高动力的状态。

培养动力的提示 8

了解自己在什么状态下更容易分泌多巴胺

　　当我们感觉到"SEEK""WANT""TRY""LIKE"的时候，就是多巴胺分泌的时候。了解自己的这些状态，对快感预测、报酬预测很有帮助，也能引导自己的头脑分泌多巴胺。

重视自己跃跃欲试、热血沸腾的状态

　　当头脑中分泌多巴胺时，我们就会处于跃跃欲试、热血沸腾的状态，这种状态不仅能诱导我们采取行动，还能提高我们的专注力、想象力、记忆力和思考能力等多方面的能力。所以，我们要重视自己跃跃欲试、热血沸腾的状态（同时要学会注意力的切换）。

和自己的感情做朋友

　　我们的头脑不仅会记忆事实、情节等可以用语言说明的信息，也会记忆感情、感觉等非语言信息。因此，我们要每天反省自己，体味自己的感情和感觉，学会和自己的感情做朋友。

关注多巴胺分泌时的状态，还要反复玩味这种状态

　　当我们处于跃跃欲试、热血沸腾的状态时，自身的各种能力也会得到提高。我们只有了解自己的这种状态，才能让自己更容易进入这种状态。为此，我们平时要养成关注自己状态的习惯，一旦意识到自己进入跃跃欲试、热血沸腾的状态，即多巴胺分泌的状态，就要记忆这种状态，反复玩味这种状态，强化头脑对这种状态的学习。

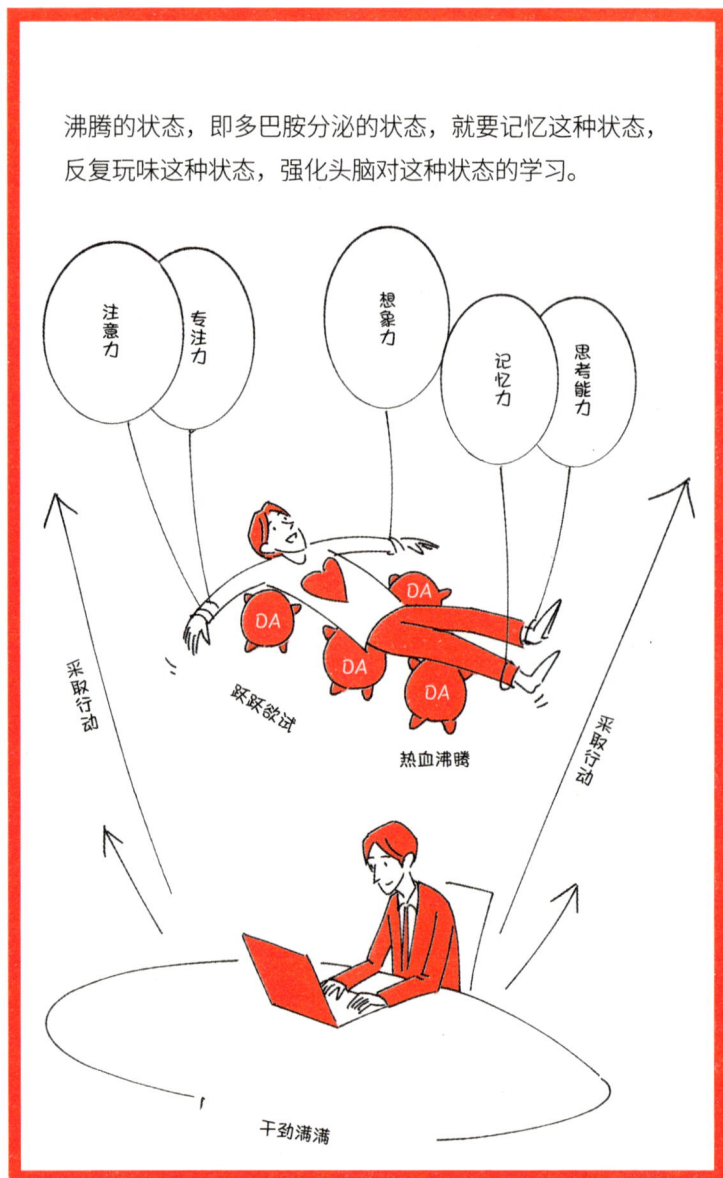

注意力　专注力　想象力　记忆力　思考能力

采取行动　跃跃欲试　热血沸腾　采取行动

干劲满满

● 有意识地往"好的地方"看

增加我们积极感情的表面积，非常重要。也就是说，我们要学会自己制造愉快的感情。应该往好的地方看，让自己更多地感受到、流露出积极的感情。而能够发现多少积极的感情反应，主要取决于我们自上而下的注意力的强弱。

在这里，我想重点提醒大家，要想制造出积极的感情，提高自己的能力、学习的效率和工作的生产性，不能依赖其他人。

"你帮我营造一个愉快的氛围。"

"你讲点有趣的话给我听，让我集中注意力。"

如果总是像这样，借助别人的力量来实现自己的愿望，我们就永远也无法获得成长。

只会被动地从他人那里得到积极情绪才能工作、学习的人，也很容易受到被动娱乐的引诱，从而难以持续原本的工作、学习。相反，能够主动制造积极情绪，并在自己制造的积极情绪中工作、学习的人，才能不断获得成长。因为主动制造积极情绪的人，可以充分利用多巴胺和β-内啡肽的作用。而且，在进行新挑战时，大脑分泌的去甲肾上腺素带来的紧张感，也会被他们转化为积极的动力，从而提高自身的能力。

因此，自己寻找快乐是一种能力，而且是极其重要的能力。

那么，无法在工作、学习中感受到快乐的人，可以从在日常生活中发现快乐入手。在日常生活中寻找快乐的体验，可以培养我们有意识地发现快乐的能力。

早上起床，看见外面天气很好，有的人就会有好心情，而有的人对好天气视而不见，没有任何积极的感受。这样的差异，主要还是取决于个人的主观意识。吃到美食，有人开心得不得了，有人则毫无感觉，只是机械地继续吃。所以，快乐与否，还要靠自己把握。

"这有什么好吃的?!"

我们人类的头脑，探测消极信息的能力很发达。因为消极的信息有可能是危险的信号，而我们为了生存，必须要优先躲避危险。

也就是说，人天生具有一种"容易只看消极面"的特性。因为我们的头脑发现消极信息的能力比发现积极信息的能力更强。

话虽如此，并不等于说我们的头脑就不具备发现积极信息的功能。只不过这种功能并不是与生俱来的。而我们发现消极信息的功能则是天生的，那些"检索错误"的消极信息探测功能，几乎是在无意识的状态下工作的，处于优先地位。

也正因为如此，有意识地训练自己往好的地方看，才显得尤为重要。我把这种功能命名为积极天线。这种大脑机能我们平时不容易使用，所以有意识地锻炼它，才更加有助于头脑的成长。

确实，也有一种学习方法是发现自己的不足，然后通过反思"我为什么做不好?""如何才能做好?"来实现成长。消极的信息，我们自己容易发现，周围人也容易帮我们指出来。但长此以往，我们的头脑就会只关注自身的不足之处，这将极大地降低我们的学习动力。

实际上，我们还可以换一种思维方式，那就是对自己的优点更加重视。比如，在学习中，发现自己能做好的地方，然后反思"我为什么能做好?""如何做得更好?"，这样同样可以取得进步。100 分的卷子，您即使只得到 10 分，从这 10 分中，也能得到有益的收获。

关注自己能做好的部分，头脑就会把部分当作记忆保存下来。从而，我们可以获得自我肯定感，无疑也能提高我们的动力。不过，空喊口号式的表扬、毫无根据的积极反馈，是没有什么积极作用的。所以，一定要结合"能做好的部分及其原因、可以做得更好的部分"等细节，再加上当时的感情，才能让头脑学习到积极的思维模式。其实，这并不难做到。只要我们有意识地关注"能做好的部分"，我们学习的动力就会增强，头脑也会处于容易提高动力的状态。

把"积极天线"用好了，不仅会让我们收获成长，还能让我们的人生中，幸福的时间越来越多。

人活一世，您想把时间用在什么事情上？您想关注什么样的信息？您想被什么样的信息包围？其实，这些都是可以选择的。

也就是说，把目光聚焦在积极的事情上，您就可以把自己的人生引领到幸福的大道上来。

培养动力的提示 9

给自己更多的积极感情

    平时要经常有意识地去寻找、发现积极的感情，并反复玩味这些积极的感情。其实，只要我们稍微改变一下视角，就会发现生活中有很多美好的事物和感情。

锻炼自己的"积极天线"，让它变得更灵敏

    我们的头脑天生具有发现消极信息、做不到的事情、不足之处以及高风险的功能。与之相对，发现积极信息、优点长处的大脑机能，是需要有意识地学习锻炼的。可以说，后者是更高级的大脑机能。我建议，大家有意识地锻炼自己的"积极天线"，平时多去发现自己和别人身上积极的一面，使之成为一种习惯。

08 整理激发动力的因素

● 制造动力的四种情绪

前面已经讲过，动力媒介是激发动力的直接原因，而动力激发因素的作用是诱发动力媒介，或者说激发因素是制造动力的间接原因。动力激发因素既可以是来自外部的刺激，也可以是来自头脑或身体内部的信息。

那么，哪些来自外部的信息，可以刺激人脑分泌多巴胺呢？我的回答是："因人而异。"因为每个人的生活经历不同，体验不同，对这些经历的反应不同，记忆信息也不同。

不过，要问哪种信息更容易激发人的动力，我可以给大家一点提示——"人处在哪种情绪的时候，最容易分泌多巴胺？"

您应该整理一下自己的思路，反问自己："对哪些信息更容易产生反应？""不同的信息会让自己产生什么样的情绪？"

在整理动力激发因素的时候，要点是关注四种情绪。

第一种情绪是"SEEK"。

这种情绪代表追求、探寻的心理状态。"也许能学到新知识""可能会很美味""估计会很开心"……当存在获得愉快体验的可能性时，就会诱发人的"SEEK"情绪，并刺激多巴胺的分泌。即使是从来没有体验过的事情，只要我们心中对它充满期待，它也会成为我们"SEEK"的对象。

那么，请您思考一下，您的"SEEK"对象是哪些信息或者场景呢？

第二种情绪是"WANT"。

"学习完成后带来的快感",对我们形成"WANT"的刺激，同时会刺激多巴胺的分泌。刺激源自体验过的经历，因此头脑知道这对我们有什么好处。所以，"WANT"的情绪比较容易理解。只要有一个让我们觉得"想要"的事物，就会刺激多巴胺的分泌。但是，也存在一些无法用语言表达的"WANT"对象。因此，需要我们面对自己的内心，去探寻自己的"WANT"。

第三种情绪是"LIKE"。

已经体验过"学习完成后带来的快感"，所以知道"这是好东西，我喜欢！"。从价值记忆中引出的"LIKE"感觉，会成为一种刺激，诱导多巴胺的分泌。能让我们说"喜欢"的事

图 12

对一种报酬习惯之后，就不容易再因其分泌多巴胺了。

今天是发薪日……

DA　DA

如果有意想不到的报酬，不管报酬多少，都会刺激多巴胺的分泌。

DA　DA　DA

特别奖金 500 日元

物，大多是可以用语言来描述的事物。但是，世界上到底有多少能让人感到"喜欢"的事物，却是很难认知的。所以，我们最好带着"LIKE"的意识，主动去留意周围的事物，主动去寻找自己喜欢的事物。在寻找的过程中，不仅要关注"特别喜欢的事物"，还要留意那些"有点喜欢的事物"。如果具备发现"有点喜欢的事物"的能力，我们就更容易体验到快乐，也更容易提高动力。

第四种情绪是"与期待值、预测值的落差"。这种情绪和前三种多少有点差异。这种情绪可以刺激多巴胺的分泌，同时也是重要的外部动力。

科学家以老鼠为对象进行实验时发现，给老鼠的报酬越多，预测值落差越大，老鼠越容易分泌多巴胺。但是，即便报酬本身很少，只要预测值落差够大，老鼠同样会大量分泌多巴胺。

但是，如果已经习惯获取一种报酬，对于同样的报酬，头脑就不容易分泌多巴胺了。关于这一点，我会在后面《金钱与动力的特殊关系》一节中进行详细讲解。

反过来，如果我们获得了高于期待值的报酬，不管高出部分的金额是多还是少，我们都容易分泌多巴胺。另外，当报酬金额稍稍低于期待值的时候，我们也会分泌一定量的多巴胺。

也就是说，多巴胺会根据预测值落差进行分泌。只要报酬和自己的预测值有差异，不管是积极的（比预测值高），还是消极的（比预测值低），都能促进我们的学习。而且，当我们习惯于某种报酬后，就不会对这种报酬产生预测值落差，头脑也就进入不容易分泌多巴胺的状态。

我们头脑分泌多巴胺的原理，总体上说就是基于预测值的落差。

对于新事物、不同的事物，我们头脑中本来就没有预存信息，因此容易产生落差。如果是积极的落差，就会释放大量多巴胺，如果是消极的落差，也会释放一定量的多巴胺。但是，在极端消极落差的情况下，恐惧和不安会占上风，这时的头脑状态和动力强的状态是完全不同的。

我们可以回顾一下第 36 页的图 7，当出现全新的信息或和自己的想法不同的观点时，如果我们的认知具有足够的包容性，那么内在的消极情绪就会得到抑制，我们同样会对认知对象产生兴趣。这就是所谓的"主动接触动力"。也就是说，兴趣、关心、好奇心可以让我们对新事物或不同的事物保持心理安全状态，使头脑处于容易分泌多巴胺的状态。

为什么"惊喜"能给我们留下深刻记忆？这也是预测值落差造成的头脑反应。

当现实与预想的或期待的不同时，不管是开心的事情，还是失望的事情，我们的头脑都会感知到这个落差，从而释放出多巴胺，让我们对这个现实情况进行学习。

如果这个落差是积极的（高于预测值），我们会因为开心而合成β-内啡肽，使头脑处于容易分泌多巴胺的状态，因此这个事件会更深刻地保存在记忆中。过生日时收到的惊喜礼物，会让我们终生难忘，就是积极落差的典型案例。

另一方面，遇到消极落差（低于预测值）的时候，我们的头脑也会一次性地分泌多巴胺，但无法长时间持续。不过，这种情况下负责保存感情记忆的扁桃体很活跃，因此不安、恐惧等情绪也容易被深刻地记忆下来。

另外，不管是积极落差还是消极落差所留下的记忆，事后我们回忆这件事的概率都会更高。而回忆本身，就有增强记忆的效果，因此当时发生的事情会更加深刻地保存在我们的记忆中。

可以说，这就是预测值落差能够加深记忆的原理。

● 在头脑中制造动力的 6 个"内在激发因素"

不仅外部信息可以刺激多巴胺的分泌，我们头脑内的信息，即"头脑的使用方法"，也可以刺激多巴胺的分泌。下面，我就从神经科学的角度，来给大家介绍内在的动力激发因素。

不过，灵活应用大脑的信息，对人脑记忆的状态，或者说"将各种记忆联系起来，并用头脑将其表现出来的想象力"是有一定要求的。这一点，大家一定要注意。

具体来讲，我们不仅要保存曾经体验过的事件和事实，还要把体验事件时的感情保存下来。尤其是涉及动力的时候，我们不能只记忆失败的经历，还要着重记忆成功的行为、快乐的事情，并结合这些积极事件的细节，把当时的感情一并记忆下来。只有这样，才更容易激发内在的动力。

在我们的头脑中，可以诱导多巴胺分泌的信息处理机能，共有 6 个。

第一个是利用背外侧前额叶（dlPFC），有意识地回想起过

培养动力的提示 10

了解多巴胺容易分泌的状态

当我们感到"SEEK""WANT""TRY""LIKE"的时候，头脑就进入了容易分泌多巴胺的状态。了解这些状态，有助于自己的快感预测、报酬预测，也有助于诱导多巴胺的分泌。

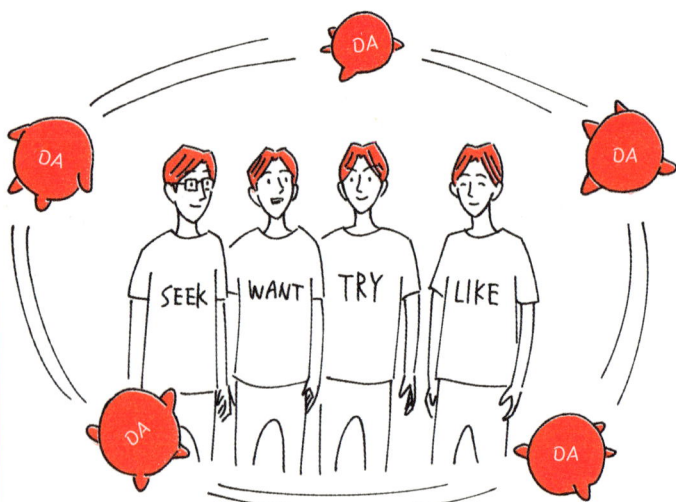

去的快感体验的方法。这个时候，有意识地同时唤起海马体的情节记忆和扁桃体的感情记忆，非常重要。这个过程叫作"玩味"记忆，也就是回想起自己曾经跃跃欲试、热血沸腾时发生的情节和产生的感觉。

第二个是利用眶额叶皮质（OFC）具备的"报酬预测感"。所谓"报酬预测感"，是指在确认"这件事有好处"之前，能带来这种预感的情绪。我们如果平时能够静下心来自省，和自己进行对话，就容易发现那些积极的信号。换个角度说，就是提高自己探索积极信号的能力。或者说，更容易察觉到自己的报酬预测感。有的时候，报酬预测感无法用语言来描述，就是感觉"我应该朝那个方向走，那个方向有好事"，从而引起头脑和身体的反应。这也是直觉的一种。

第三个是"报酬预测"。根据记忆数据库对未来的报酬进行预测，从而获得动力。意识到报酬存在，更容易刺激多巴胺的分泌。举个例子，到了周四，我们就会想："好嘞！今天、明天再努力两天，就可以好好过周末了！"周末休息的报酬转变成了工作的动力，人脑的效率也就大大提高了。假期或者金钱报酬等，可以给我们带来快感体验。根据过去的快感体验推测出未来的报酬，是报酬预测的一般使用方法。当然，除了假期和金钱，还有很多报酬预测的参照物。不管是什么，只要能给您带来快感体验，它就能成为报酬预测的参照物，从而促进多巴胺的分泌。

第四个是"希望"。对于以前未曾经历的事情，我们也会有一种积极的"预测想象"，或者叫"妄想"。毫无根据的自信、凭空而来的希望，都属于这一类。

所谓希望，基本上是一种对不知结果如何的事物怀有积极想象的人脑机能。对于一件事情，即使我们在头脑的数据库中找不到根据，也不会否定它，这就是希望。或者说，正是托了这种积极向前的大脑机能的福，我们人类才能不断开拓新世界，发现新事物。

但是，要做到一直保持希望，也不是容易的事。为什么这么说？因为在挑战新事物的时候，我们的头脑一直在处理未知事物，这会消耗大量的能量。另外，与探索可能性（积极方面）相比，我们的头脑会优先风险判断[1]机能。所以，"心中要充满希望"，这句话说起来容易，做起来难。

从真正意义上说，神经科学对"怀有希望的状态"可以用"因不确定性激发的探索机能"来解说。"希望"与单纯的"SEEK"相比，要更进一步，即在明知有风险的情况下进行"SEEK"。"希望"这种动力激发因素，是在 rlPFC 的作用下，由内部诱发的高级信息处理机能。

第五个是腹内侧前额叶（vmPFC）保存的牢固的"价值记忆"，它也是重要的内部动力激发因素。**当我们回想起自己喜欢、珍惜、认为有价值的东西的时候，头脑就处于被价值记忆激发的状态。**如果把一些名人格言、公司愿景作为价值记忆保存在头脑中，那么我们就可以在这些格言、愿景的激励下提升自己。当然，要做到这一点，我们需要积累大量的体验，并把这些体验的记忆烙印在头脑中，而这项工作需要消耗大量能量。

---

1. 风险判断：对风险进行预测、评估和判断。

第六个是"快感预测"，它也可以发挥动力激发因素的功能。我们不仅在实际获得报酬或快感之后会分泌多巴胺，其实，**当我们预想、想象甚至是妄想自己在做某事后会得到快感的时候，也会分泌多巴胺。**

以上这 6 种方法，都是我们头脑内部的运转机制，这些都是内部动力激发因素。

不管是外部动力激发因素，还是内部动力激发因素，只要是便于自己利用的因素，我们就要积极去寻找，并努力开拓新的动力激发因素。因为动力激发因素越多，我们就越容易激发自己的动力。

在安排日程表时，我建议大家多加入一些能够激发动力的因素。只要看到自己的日程表，就会跃跃欲试，感到有用不完的劲，那么，我们的工作、学习效率将会空前地提高。每一天都过得充实，我们的人生也就充满了无限的可能性。

另外，对自己特别钟爱的动力激发因素，要充分加以利用。遇到自己钟爱的事情，人就会主动去追求。也就是说，钟爱的事情可以促进大脑多巴胺的分泌，从而提高我们工作、学习的效率和能力。所以，大家平时一定要留意，寻找适合自己的动力激发因素，找到自己最爱的那些动力激发因素。

● 为了提高动力，我们要学会控制期待值

促进多巴胺分泌的一个基本条件，就是期待值、预测值的落差。但是，如果期待值过高，现实中的收获就难以和期待值产生

积极的落差，从而难以刺激多巴胺的分泌。因此，**我们要适当降低自己的期待值，这样现实中的收获就容易与期待值产生较大的积极落差，从而刺激多巴胺的大量分泌。**

我们拜托别人做事情，或给下属布置完任务之后，对他们的期待值不要太高。当然，这并不等于说对他们没有任何期待，只是作为自己的压力和动力管理，在我们的头脑中把期待值稍微下调。下调期待值之后，我们会有更多的选择来应对现实。

也就是说，"下调对别人的期待值"不等于"对别人没有任何期待"。我们只是在头脑中控制对别人的期待值，但绝不能表现出"我对你没有期待"。如果让对方察觉到我们对他没有期待，将会极大地挫伤对方的积极性。说到底，控制期待值，是发生在我们头脑之中的。

同样，如果我们对自己的期待值太高，在行动过程中一旦有做不好的时候，我们就会对自己大失所望，从而极大地打击我们继续做下去的动力。而且，对自己的期待值太高，还会让我们过分关注自己的不足，容易裹足不前。对自己充满期待，心中怀有远大的目标，这一点固然重要，**但我们还要学会在头脑中调整对自己的期待值，并使之固化为一种"功能技巧"[1]，这对鼓舞斗志、维持动力非常重要。**我们首先要设定远大目标，用这样的目标激发自己的干劲。然后再设定阶段性目标，在完成阶段性目标的过程中，关注自己成功的部分、成长的地方，给自己继续下去的动

---

1. 功能技巧：functioning skill，指已经融入身体记忆中的技巧，已成为身体功能的一部分。

力。同时，在这个过程中，也要根据实际情况，调整对自己的期待值，让动力更加持久。

从动力的观点来看，如果我们学会从自己成功、成长的部分总结经验，也会促进我们从失败、不成熟的部分吸取教训。

培养动力的提示 11

调整期待值、预测值

我们可以尝试调低期待值和预测值。有的时候，我们不能对别人抱有太高的期待值；有的时候，我们也要降低对自己的期待值。我们要多看成功的地方、做得好的地方（这不等于不对别人表现出期待，只是在自己的头脑中对期待值进行调整）。

动力与痛苦的关系

● 痛苦也能成为动力

在读正文之前，我请您先看看下面的插图（图 13）。

这是一瓶辣味调料。它会给我们带来疼痛感，即"痛苦"。我们舌头的味蕾遇到辛辣食物的时候，也会以疼痛的信号发回大脑，所以辛辣和疼痛相似。

虽然辣味调料会给我们带来痛苦，有一些人却会对这种痛苦"欲罢不能"，或者说上瘾。对痛苦上瘾？这背后到底有什么样的原理呢？我们深入分析一下人脑的报酬回路，就能得到一些启发。

图 13

图 14 的上部我们在之前的小节中已经讲过，图 14 的下部是跟痛苦相关的部分。

图 14　痛苦与快乐的关系

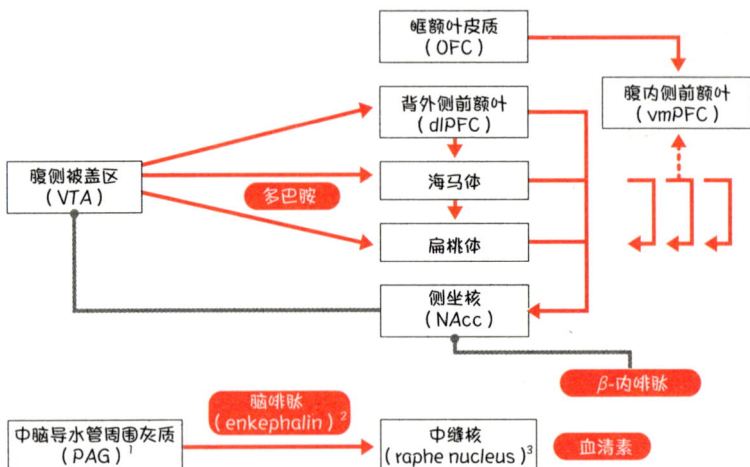

1．中脑导水管周围灰质（PAG）：分布于中脑导水管周围的细胞集团。参与痛觉抑制、感情行动、自律神经系统的变化、体温调节、呼吸、发声、性行为、排尿、睡眠、睡醒等功能。

2．脑啡肽（enkephalin）：一种具有类似吗啡的麻醉、镇静作用的肽类物质（多个氨基酸结合在一起），还具有诱发饮食行为的作用。

3．中缝核（raphe nucleus）：分布于从中脑到脑干内侧的细胞集团。几乎和血清素细胞的分布范围重合。与睡眠规律、步行、呼吸、注意力、报酬等功能相关。

您身边是不是也有特别爱吃辛辣食物的朋友？我们吃辛辣食物的时候，一开始头脑会接收到疼痛的信号。但与此同时，这种食物的美味，也会给人带来快乐的感觉。此时，辛辣带来的物理性疼痛信号与快乐的心理性信号处于共存的状态。而且，这种物理性疼痛信号并不会带来实际的危险，因此我们的头脑认识到当前的状态是安全的，并渐渐习惯这种疼痛的信号。于是，人会不断尝试辛辣的食物。在实际的动物实验中，科学家发现，动物随着对物理性疼痛的习惯，而逐渐降低精神压力，但对心理性的痛苦难以习惯，由此造成的精神压力会不断增加。[1]

但是，痛苦信号伴随快感，只能部分说明人无法自拔的原因，并不能完全解释清楚。我们需要更加深入地追寻背后的原理，最后我们发现，有痛苦伴随的快乐，可以进一步提升快乐的感觉。

生理性的原因在于，人在感知到痛苦的时候，为了缓解痛苦，头脑会分泌化学物质，而这些化学物质可以给人带来快感。我们知道，品尝到美食、遇到开心事时，人脑会分泌快乐物质，另外，为了缓解痛苦，人脑和身体也会分泌快乐物质，而这些快乐物质会让人更加快乐。

具体来讲，当头脑接收到痛苦信号的时候，中脑导水管周围灰质（PAG）会分泌脑啡肽（enkephalin），同样位于中脑的中缝核（raphe nucleus）会分泌血清素，下丘脑会分泌β-内啡肽等神经传导物质。这就是当我们受到巨大痛苦刺激的时候，大脑所发生的变化，也就是大脑处理痛苦信息的状态。

1. 见田中正敏《精神压力的脑科学》，讲谈社。

同时，"辛辣食物很美味"的信息也进入大脑。这时，图14上部的各个功能区开始运转，于是大脑就开始大量分泌多巴胺和β-内啡肽。另外，在痛苦信号进入大脑后，为了预防下一次的痛苦，我们的头脑会对痛苦信息进行学习。而为了记忆痛苦信息，头脑也会分泌多巴胺。这样，在多种作用叠加之下，大脑多巴胺的分泌量是相当大的。

而且，在感受到快乐、美味等快感的状态下，人脑本身就容易分泌β-内啡肽。多巴胺和β-内啡肽发生相互作用后，又能进一步促进β-内啡肽的分泌。除此之外，为了缓解疼痛，我们的大脑也会分泌β-内啡肽。所以，这时大脑可以分泌大量的β-内啡肽。由此可见，"痛并快乐"的时候，"快乐物质"正在我们的大脑开一场盛大的派对。

要想让这种现象成为可能，需要反复多次体验适度的辛辣或疼痛，头脑通过这些经历学习到这种程度的辛辣或疼痛"无害""没有危险"。头脑经过反复的学习，当再次接收到类似强度的痛苦信号时，就会提供"无害""没有危险"的信号，而此时分泌的都是让人产生快感的神经传导物质。在这种情况下，不管头脑是否分泌缓解痛苦刺激的神经传导物质，我们都不再容易感觉到痛苦，快感就会被放大。这种快感被作为"价值记忆"牢固地存在头脑中，然后我们就会主动去寻求痛苦的刺激，而且想要的痛苦程度也会不断升级。陷入其中，形成癖好，只有更大的痛苦刺激，才能激发出快感。因此，喜欢吃辛辣食物的人，会越吃越辣。

"跑步成瘾"背后的原理，也和痛苦刺激有关。

人们在进行长跑锻炼的过程中，肌肉、关节、心肺等各个部位的状态信息，会不断输入大脑。我们知道，长跑的过程是很痛苦的，但坚持跑过最痛苦的阶段（极点）后，我们头脑中就开始大量分泌快感物质，从而使跑步者进入一种兴奋、忘我、不知疲倦甚至如痴如醉的状态。这和痛苦刺激的原理非常相似。

"洗脑"背后也是相似的原理。

先给人施加痛苦或苦难，再对其进行"拯救"，如此大的反差，会使"被拯救者"将痛苦或苦难的感情转化为强烈的快感，并深深烙印在记忆中。

"家庭暴力（DV）"也具有类似的原理。

很多遭受家庭暴力的女性，不愿和丈夫离婚，这一点很多人不能理解。在现实中，一些丈夫对妻子实施家暴后，会有所悔意，对妻子疼爱有加。疼爱与暴力的反差实在太大，在这样的反差面前，妻子会对这样的疼爱产生强烈的快感，并形成记忆保存在头脑中。结果，妻子反而很难离开实施暴力的丈夫。

综上所述，痛苦、快感是与动力息息相关的。

● 学会利用痛苦来提高动力

之前我们讲了肉体上的痛苦与快感、动力的关系，实际上，对我们的头脑来说，肉体上的痛苦和精神上的痛苦联系非常密切。因为不管是肉体上的痛苦，还是精神上的痛苦，处理痛苦信息的大脑部位是同一个。我们绝不能给别人施加痛苦，但我们可以给自己施加适当的痛苦感受。学会和"痛苦与快感"打交道的方法，我们就能利用痛苦来提高自身的动力。

　　我们在为实现某个目标或做成某件事情而拼命努力的过程中，本来就会经历肉体或精神非常痛苦的阶段。任何成功都不会轻松而至。帮我们熬过这段艰苦阶段的能量来自多巴胺。**正因为有这个艰苦的阶段，熬过去之后，在获得某种成就感或满足感的时候，我们才会感觉到空前的快乐**。艰苦阶段所承受的痛苦越大，后面获得的成就感就越强，它们之间的落差也就越大。这个落差越大，就越能促进多巴胺的分泌，也越容易使人将成就感作为价值记忆，保存在头脑中。

　　理解了当前内心承受的痛苦将对以后获得更大的快乐有所帮助，我们就会懂得当下的痛苦，而且应该把当下遭受的痛苦作为未来幸福的信号，好好珍惜，好好面对。这样想来，当下的痛苦不正是我们努力的动力吗？

　　在经历痛苦的时候，一定要相信这是未来获得幸福的必经阶段，要对未来充满希望和渴望，这种渴望就能转化成动力。

　　人容易被当前遭受的痛苦束缚住，陷入其中不能自拔，甚至不愿抬起头，看看未来。这样下去，就会不断消沉，从而丧失一切动力。为防止这种情况发生，我们要有意识地在头脑中制造出向往"成功快乐"的愿望。积极的愿望，能够促进多巴胺的分泌，帮助我们走下去。所谓愿望，就是在头脑中把尚未成功的事情想象成成功的样子。为此，我们要锻炼自己的想象力，甚至是妄想的能力，用想象或者妄想给头脑和身体带来快感反应。

　　也就是说，我们要"善待痛苦"。

　　当然，谁都不喜欢痛苦，谁都想尽快摆脱痛苦的境地。尽管如此，**有的时候我们也需要把自己逼到极限，让自己感受到痛苦、艰难。这样一来，在体验过极度的痛苦之后，我们就有可能获得空前的快乐。** 当我们非常想做成某件事情，在努力的过程中感受到痛苦的时候，我认为这反而是非常幸运的时候，我们要学会忍耐、接受，甚至享受这份痛苦。这样的话，我们就可以发挥出超乎寻常的能力。

但有一件事是绝对不能做的，那就是逼迫别人。

只有了解痛苦转化成动力的原理，自己把自己逼到痛苦的境地，才能提高动力。但是把同样的方法用到他人身上，是不会有用的。不仅如此，**逼迫别人，反而会引起对方的反感，甚至是愤怒，让对方感到过度的压力，反而会降低他们的能力。** 所以，我们可以让自己感受痛苦，却不能逼别人感受痛苦。同样的道理，当别人逼我们感受痛苦的时候，我们也不能抱着"善待痛苦"的态度，去忍耐和接受。因为别人强加给我们的痛苦，不会转化成动力。

那么，哪些人可以自己逼迫自己呢？应该是能够善待自己的人，会自我减压、懂得让自己休息的人，善于管控压力的人。不具备这些素质的人，如果非要逼迫自己感受痛苦，很可能给自己造成过度的精神压力，甚至使自己陷入心理危机。在这种状态下，正常能力都难以发挥出来，更不用说发挥超常能力了。在第二章中，我会教大家与精神压力打交道的方法。学会管控自己的精神压力，才能最大限度地激发自己的动力。

另一方面，如果已经掌握一定的压力管控能力，又想把自己逼到一定的痛苦境地以激发动力，可以尝试请别人帮忙逼迫自己。为什么要请别人逼迫自己呢？因为自己逼迫自己，其实是一件比较困难的事情。自己逼迫自己，遇到一点痛苦，就容易打退堂鼓。要想把自己逼迫到能激发动力的程度，需要强大的自制力和精神力量。所以，当我们觉得难以战胜自己的逃避心理，无法坚持的时候，可以请别人帮忙，借别人之手，把自己逼迫到能够激发动力的程度。

这种方法，在职业运动员的训练中经常能见到。

举重运动员在举大重量杠铃的时候，头脑会先于身体做出逃避反应，认为"太重了！我举不起来！我要放弃"。但很多情况下，在这个时候，身体其实还有潜能可以挖掘，如果就此放弃就太可惜了。如果逼一下自己，没准就能将身体的潜能激发出来。遇到这种情况，如果能够自己逼自己一下当然最好，如果做不到，可以请教练帮忙。教练可以给运动员提供精神上的支持，同时可以逼运动员再坚持一下。

以前人们学习的时候，条件比现在要艰苦得多。但是，那个时候人们是跟着自己喜欢的老师或师父，心甘情愿地被逼迫着学习，所以学习效率是非常高的。被人强迫学习与心甘情愿地被人逼着学习，虽然表面看起来都是被逼迫，但实际上两种学习者的头脑状态是不同的，学习效率和效果也大相径庭。

可以说，忍耐痛苦、享受痛苦，是成功的加速器。

自己决定体验痛苦，可以让我们变得更强大。

在感受到痛苦的时候，继续努力坚持，我们的头脑中会分泌出各种快感物质和帮助我们成长的神经传导物质。这种状态就是所谓的"心流"状态。极限的痛苦使人处于谷底，而后来的快感又使人攀升到山顶，两者之间的巨大落差，会使多巴胺的分泌远远高于平时。多巴胺有促进学习、提高记忆固定率和效率的作用，随着多巴胺的大量分泌，人也获得了快速的成长。

忍受住苦难的挑战，事后取得成功，当我们的头脑学习到这个过程的价值，就会对以后的挑战形成巨大的动力，甚至让我们敢于挑战更加困难的目标。由此可见，痛苦虽然是消极负面的因素，却与我们的动力有着密切的关系，就看我们怎么面对痛苦了。

"谢谢"在日语中写作"有難う"，可能背后也表达了人们对待痛苦、苦难的态度。痛苦、苦难是让我们变得更加强大的必经阶段，我们要对它们怀有感恩之心，善待痛苦，享受困难。

培养动力的提示 12

善待痛苦

有的时候，我们需要把自己逼入痛苦的境地，并尝试享受这份痛苦。我们要理解痛苦过后可以获得更大的快乐，认识到痛苦是幸运的钥匙，学会忍耐痛苦、善待痛苦。但是，我们不能把别人逼入痛苦的境地。"自己心甘情愿地逼迫自己"，是大家要牢记的关键。

忍受痛苦，可以加速我们的成长

承受自己选择的痛苦，可以让我们变得更强大。忍受痛苦时付出的努力，将极大地促进大脑成长物质的分泌。从痛苦谷底到快乐顶峰的巨大落差，又会极大地促进多巴胺的分泌，进而使快乐的程度进一步提升。这将成为我们日后敢于面对痛苦的动力，从而加速我们的成长。

10　金钱与动力的特殊关系

　　我们生活在这个社会中，金钱是很重要的东西。可能很多朋友首先想到的是，金钱是提高动力的关键。那么，接下来，我们就一起分析，人的头脑是如何处理金钱这种特殊物质的。

● 对人脑来说，金钱是一种特殊的刺激物

　　给刚出生不久的婴儿看钱，他们绝无可能感叹一声："啊！这是有价值的东西。"我们并不是天生就认为金钱有价值，而是在后天的成长过程中学习到金钱是有价值的东西。

　　不管是哪种生物，都会在成长的过程中经历无数的事件。假设我们在成长过程中经历了 A 事件，关于 A 事件的积极情节，会作为情节记忆 A，保存在头脑中。而体验 A 事件时随之产生的感情，则会作为感情记忆 A，保存在头脑中。如果 A 事件中有自己喜欢的事情，我们就会主动反复去体验它。这样一来，积极的情节记忆和感情记忆，就会形成强有力的回路连接，然后组合起来作为"价值记忆"保存在头脑中。

　　但是，随着我们长大成人，这种价值记忆伴随的快感体验，在很多时候是可以用金钱买到的。甚至可以说，价值记忆化的快感体验，已经很难用金钱之外的东西来替代。从这个意义上说，对我们的头脑而言，金钱是一种非常特殊的刺激物。

　　当各种各样被价值记忆化的快感体验可以用金钱买到的时候，价值记忆就和金钱形成了强有力的联系。也就是说，金钱在

我们的头脑中变成了和各种价值记忆相联系的特殊存在。这个过程可以用"Neurons that fire together wire together"的原理来解释。当各种各样具有价值的体验和金钱同时被激发时，金钱在头脑中所处的位置，可能变得独一无二，且极其重要。

如果是这样的话，就会出现一个疑问：把金钱作为动力，是否有效？

当然不是所有人，但至少绝大多数人，在头脑中都认为金钱是有价值的。因此，金钱作为一种报酬预测的对象，成为我们做事动力的可能性是非常高的。金钱作为外部刺激，促进我们大脑多巴胺的分泌，从原理上是讲得通的。

但把金钱作为动力的激发物，也不是没有问题。在以老鼠为对象的实验中，当老鼠对某种报酬习以为常后，即使报酬非常多，也难以刺激多巴胺的分泌。人也是一样，上班族每个月领取薪水，每月的薪水都不变，人脑就不会分泌多巴胺。您可以回想一下，自己当初刚刚迈入社会，第一次领薪水的兴奋感是不是还记忆犹新？但随着时间的流逝，每个月都领同样多的薪水，就会觉得领薪水是理所当然的事情，自然不会再有兴奋的感觉。

这种情况下，预测值落差、期待值落差就显得尤为重要。落差是促进多巴胺分泌的基础。

意想不到的奖金、超出预期的高额薪水，才能成为诱发多巴胺分泌的触发器。

拿买彩票来说，买了彩票之后，有可能中奖，当然也有可能不会中奖。对报酬的结果完全没法预测。也正因为如此，买彩票才能刺激我们的头脑分泌多巴胺。而且，买彩票还有可能获得数亿元的奖金，这可是一般人从未拥有过的钱数。这个巨大的落差，就能刺激多巴胺的大量分泌。

再假设，某天您在路边捡到 100 日元，因为发生这种事情的概率非常低，这 100 日元属于"意外之财"，虽然不多，但也能促进多巴胺的分泌。那么反过来说，只要不是没有见过的大金额或很少体验的场景，金钱作为外部刺激，就不容易刺激多巴胺的分泌。因此，现在很多企业比较稳定的薪资制度，不太容易激发员工大脑多巴胺的分泌。

可以说，把金钱作为外部的动力激发因素，当然发挥作用的可能性比较大，但金钱并不会在任何时候、任何场合都能提高人的动力。

另一方面，我们再来看看，把金钱作为内部刺激是否可行。我们在对金钱报酬进行预测时，常会这样想："我如果做这件事，可能会得到 ×× 金额的钱。"

金钱是可以用数字表示的，也就是说容易定量，容易理解，也就便于预测。预测值与实际结果比较起来也很方便。假设公司告诉我，下个月的薪水是 3 万日元，我知道了这个数字，等实际拿到 3 万日元的时候，就不会产生任何预测值落差。因此，对固定金额的金钱，我们很容易习惯，甚至厌倦，作为内部刺激也不容易激发多巴胺的分泌。

把金钱作为内部刺激，它是可以定量化的，所以我们很容易把握自己的预测值或期待值，在这种情况下，实际拿到的金钱只有和预测值产生积极的落差（高于预测值）才能刺激多巴胺的分泌。如果能够经常营造出积极落差，才能发挥金钱的动力作用，但在现实中，很难经常出现积极落差。

反过来，如果实际拿到的金额和预测值相比，出现了消极落差（低于预测值），那么人就很容易不安、难过、恐惧，甚至愤怒。有的人对于金钱的价值记忆，甚至上升到事关生存的等级，这样的人如果遇到消极落差，会出现极大的不安、难过、恐惧甚至愤怒的情绪。正因为金钱在人类头脑中具有如此特殊的性质，一旦出现消极落差，就容易使人陷入心理不安全状态，从而对专注力、记忆力、行动能力造成负面影响。

金钱之所以不同于其他动力激发因素，是因为在我们头脑中关于金钱的各种记忆和神经回路进行了复杂的连接，形成了很强的价值记忆，也就是所谓的价值观。对于金钱的价值观，是因人而异的，价值观又决定了一个人认知的包容程度。很多时候，对于其他事物，人们可以宽容地接受，但只要涉及金钱，就很容易显示出消极负面的情绪。简单地讲，金钱之所以具有如此特殊的性质，就是因为我们头脑中关于金钱有强大而牢固的神经回路。

那么，我们接受金钱特殊性这个事实，就能把它当作动力激发因素来用吗？我个人认为，作为短期动力激发因素，金钱可能有效，但要想激发长期动力，用金钱恐怕不会得到理想的效果。为什么长期使用效果不好？因为要在人习惯一定金额的报酬之前不断提高报酬金额，而用有限的金钱，显然是无法做到的。

● 不要把金钱设计为唯一的动力激发因素

在记忆痕迹化的过程中，我们的大脑有将记忆信息一般化的性质。在管理动力的时候，如果我们不能很好地摆正报酬（金钱）的位置，很可能无法有效激发出动力。

假设有 A 君、B 君两个人。两人从事同一个项目。

A 君将各种各样的工作体验，按时间轴转化为情节记忆，并将其作为记忆痕迹存储在大脑里。不过，记忆中并没有值得一提的积极体验。最终，当项目结束时，A 君得到唯一积极的成果就是金钱报酬。

B 君在工作的同时，积极地和团队中的同事开心聊天，下班后和同事愉快地聚餐，同时推进项目的进展。也就是说，B 君在推进项目的同时，也获得了积极的体验。当然，最后他也会获得

图 15　记忆痕迹与一般化

A 君　默默工作　金钱是唯一动力。

B 君　除金钱以外，还有其他动力。

金钱报酬。

A君在整个工作过程中，除了各种各样的情节记忆之外，唯一的积极感情记忆就是获得金钱报酬。再看B君，即使他在整个工作过程中获得的体验总量和A君相同，但他积累的积极的感情记忆，要比A君丰富得多。可以说B君的这段经历丰富多彩。获得金钱报酬的快乐只是诸多积极的感情记忆中的一小部分。

另外，A君、B君两人从事的是同样的工作项目，那么他们各自的行动动力会有不同吗？对A君来说，获得金钱报酬是他唯一的动力。没有金钱报酬，他就失去了动力之源。

B君在工作过程中，获得了很多的积极体验，最后获得金钱报酬只是诸多积极体验之一。可以这么说，金钱报酬之外的积极体验，为B君提供了更大的动力。**为别人做出贡献、获得别人的感谢，这样的愉快体验，可以极大地激发人的动力，并使人将动力转化为行动。**因此，不单单把可预测的金钱报酬当作动力之源，还会把其他各种积极体验作为动力之源的人，才能获得更强大的动力。

再进一步讲，如果只把结果作为唯一动力之源，人就容易只对结果有动力。我并不是说这样全然不好，但这样的人，不会去挑战那些看不清结果的事情。

另一方面，既重视结果带来的积极感情，也珍惜过程中的价值、快感、喜悦、意义的人，才能培养出敢于、乐于挑战新事物的头脑。

　　实际上，在我们的日常生活中，能够清晰看到结果的事情，少之又少。即使有这样的事情，也完全可以交给机器或人工智能去做。从今往后的时代，结果驱动型大脑很重要，过程驱动型大脑更为重要。

培养动力的提示 13

金钱可以动摇感情

对大多数人来说，金钱都是作为强大而牢固的价值记忆保存在头脑中的。因此，金钱可以极大地动摇人的感情。当金钱报酬不如预期的时候，人就容易陷入不安、恐惧、愤怒的消极情绪中，从而产生逃避的动力。

金钱容易预测

体验过几次金钱报酬之后，我们就容易准确预测下一次的金钱报酬，从而不容易产生预测值落差，也就难以刺激多巴胺的分泌。也就是说，我们的头脑对固定的金钱报酬会习以为常。当然，如果此时出现意料之外的金钱报酬，或者未曾体验过的高额金钱报酬，就能够刺激多巴胺的分泌。

让快乐感情分散在过程中

在经历一系列学习、体验、研究的时候，我们不能只期待结果带来快感，要学会让快乐分散在过程当中。这将极大地影响头脑对学习、体验、研究形成什么样的记忆。而且，还会对未来的学习、体验、研究形成影响，这种影响是非语言性的，是"我为了××要做这件事"的感觉，也就是提高了动力。

没有过程就没有结果

赋予过程以价值，就能提高动力。把着力点放在过程上，可以促进自己的成长，这样做之后，就能顺理成章地得到理想的结果。没有理想的过程，就不会有理想的结果。

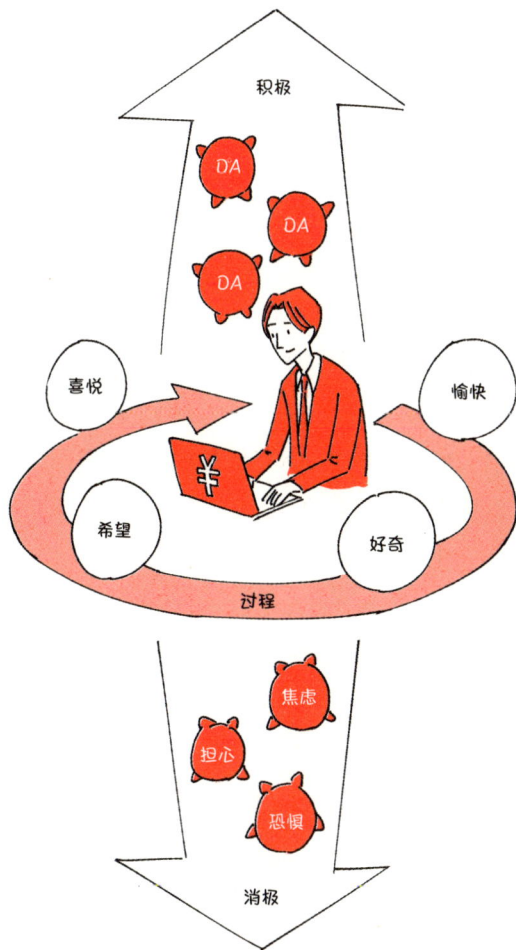

管理动力

从图 15 中，我们还可以看出，我们的头脑不仅会记忆事件的情节，而且很重视经历事件时自己的感情。头脑的这种运转机制，对我们平时为人处世的状态也有很大的影响，所以我想稍微展开讲一下。

还是假设有 A 君、B 君两个人，这里再引入第三个人 X 君。下页的图 16，是 X 君分别和 A 君、B 君相处时的经历。

对于 A 君，X 君看到的、听到的、接触到的多是不太好的事情。虽然 A 君偶尔也会展现出好的一面，但在 X 君的印象中，对 A 君的记忆多是消极的、负面的。总而言之，X 君对 A 君的印象就是，虽然有时工作能力挺强，但在平时的工作协作、日常相处以及言谈举止上都不太好。

再说 B 君，X 君和 B 君一起经历各种事情的时间，与 A 君基本差不多，但在和 B 君接触的过程中，X 君对 B 君留下了不少积极的记忆痕迹。比如，B 君随和的脾气、优雅的举止，工作之外的一举一动，都让 X 君对他产生了好感。

因为日常印象的不同，A 君、B 君两人对 X 君的行为也产生了不同的影响。对 A 君，X 君恐怕多是逃避的动力，而对 B 君，X 君肯定愿意主动接触。

从商务工作的角度来看，人们容易把目光聚焦在"工作能力"上。当然，在商务工作中，能力确实非常重要，但大家一定要注意，工作能力并不是判断一个人所需的全部信息。

图 **16**　日常印象的重要性

● **对反馈意见的接受度，也要看关系的好坏**

请大家试想一下。

对 X 君来说，A 君、B 君两个人给他的反馈意见，谁的意见更容易被接受？即使是完全相同的反馈意见，从 A 君嘴里说出来，恐怕 X 君心里并不愿意接受；但从 B 君嘴里说出来，X 君可能容易接受。

由此可见，意见从谁嘴里说出来，非常重要。一般来说，对给我们留下负面印象的人或者陌生人（不了解的人）给出的反馈意见，我们不太愿意接受。因为对这样的人，我们容易产生逃避动力。另一方面，对平时的语言、行为、想法等给我们留下积极印象的人提出的反馈意见，哪怕意见是消极的、否定的，我们也容易接受。也就是说，提出意见和接受意见的两方之间，良好的关系是最为重要的。**如果双方之间没有关系，或关系不好，那么一方提出的反馈意见，另一方不太容易接受。**

如果站在相反的立场上思考，接受意见的一方，该以什么样的动力去和提出意见的一方建立关系呢？假设我是接受意见的一方，即使是不喜欢的人对我提出意见，我心中也会想："对方是为了我好，才会提出反馈意见。"这样的姿态，才更有助于自我成长。因为明白这一点，我不会因为对对方的印象不好，就盲目地不去听取他的意见。如果心胸不够宽广，认为"那个人平时对我不怎么好，也不理解我的工作，只会乱提意见"，而拒绝接受对方的反馈意见，有可能失去宝贵的成长机会。因此，不管是提意见的一方，还是接受意见的一方，平时都要注意自己的言行和为人处世的方式。只有建立良好的人际关系，才能顺畅沟通，才能建立成长的良性循环机制。

● 动力的产生模式，因人而异

本书一开头就讲了"超认知"，即客观认知自己的能力，这种能力非常重要。原因在于，每个人的体验不同，头脑里输入的信息、保存的记忆也不同。换句话说，我们每个人的经历不同、随之产生的感情不同、对信息的处理方式不同，而这些不同都会导致动力产生的模式不同。

　　举个例子，我们来分析一下大家对聚会的态度。您是喜欢参加聚会呢，还是讨厌参加聚会？每个人肯定都有自己的答案，有的人一听说有聚会，不由自主地就想去参加，有的人则非常不想去。这种差别，是个人根据自己以前的体验，在头脑中将这些体验信息一般化之后的结果。请注意，去还是不去的结果，不是根据某次个别体验记忆判断出来的，而是头脑回顾以前参加的所有聚会的经历，然后做出的判断。也就是说，我们的头脑将以前所有参加聚会的体验进行了模式化分析，然后产生了想去或者不想去的感情判断。

　　但是，我们头脑中进行的感情判断，并不是完全依照概率论做出的。举例来说，假设您以前参加过 10 次聚会，其中有一次的体验非常糟糕，而那次糟糕的体验形成了强烈的感情记忆，那么下一次您再考虑是否参加聚会的时候，很可能会因为那一次糟糕的体验，而做出拒绝参加的判断。

　　由此可见，**一个人产生动力的模式，会受到他以前的经历和随之产生的感情的极大影响。每一个人经历的事情、产生的感情都不一样，因此每个人产生动力的模式也不尽相同。由此，我们应该明白，不管多么优秀的人、多么伟大的人，他们激发动力的方法不一定适合我们。**也就是说，要想激发自己的动力，我们必须首先了解自己的经历、感受、感情，以及自己头脑中保存的情节记忆、感情记忆和价值记忆。通过超认知客观、清醒地认识自己，对于管理自身动力非常重要。背后的原因就在于，提高动力的因素不仅存在于外部，更多的存在于我们的头脑之中，其实就是我们头脑中保存的记忆。留意自己干劲高涨那一瞬间的感觉，并将这种记忆保存在头脑中，保证日后随时可以调取这样的记忆，有利于我们意识到动力激发因素的出现，也就使头脑处于容易激发动力的状态。

● 首先明确"为了什么、想做什么"

所谓动力，原本就是自己想做某件事的驱动力。因此，我们必须首先知道自己为了什么、想做什么、正在做什么。

当我们处于什么也不知道的、含糊不清的状态时，不安、恐惧的情绪就会抬头，从而使头脑机能难以正常发挥作用。清楚地知道自己想做什么事情，是消除不安、恐惧的重要手段。

"深刻理解自己想做的事"，到底指什么呢？

深刻理解自己想做的事，不是浮于表面地了解，也不是只知道事实即可，更不是参照大家都在做的事情。只有将想做的事情与头脑中的经验、记忆紧密联系起来，才算得上"深刻理解"。

在工作中，第一步应该是参照过去的经验，反思"做这项工作的目的和必要性是什么"。在反思的过程中，要尽量详细地回忆起以前工作中的细节，以及随之产生的感情。当然，也可以向上司或前辈请教工作的目的和必要性，但重要的是自己的头脑如何理解，如何形成自己的记忆。这就是所谓的在自己的头脑中"本地化"。

在自己的头脑中"本地化"非常重要。更重要的是，自己能否合理地解释这种"本地化"。我对"本地化"的定义是：

培养动力的提示 14

再次意识到超认知的重要性

　　每个人头脑中的记忆痕迹都是不一样的。自己头脑中的记忆是自身动力的源泉。所以，我们要学会发现、审视、反思自己做过的事情、珍惜的事物。

记忆

"反思自己头脑中过去的情节记忆、感情记忆、价值记忆，然后与眼前的事物联系起来。"

回顾自己以前的经验时，也会唤起当时的感情因素。如果这些感情因素以负面因素居多，我们就难以激发行动的动力。另外，当根据以往的价值记忆，判断眼前的行动没有价值时，我们就会放弃继续采取行动。反过来，我们也可能唤起以往的积极感情因素，从而决定"必须得做这件事情"，再根据价值记忆判断做这件事有价值，因此"应该做"，动力就会随之而来。

所谓深刻理解自己想做的事情，简单地讲就是将眼前想做的事情与以往的体验和价值记忆联系起来，让自己与想做的事情形成真正的"连接"。

培养动力的提示 **15**

用自己的头脑深刻理解自己想做的事、正在做的事

　　深刻理解自己想做的事、正在做的事，可以消除因为无知、含糊不清而引起的不安、恐惧情绪。另外，结合自己过去的记忆（情节记忆、感情记忆、价值记忆）来解释自己想做的事、正在做的事，更有利于驱动自己的感情，激发动力。这就是在自己的头脑中"本地化"。

动力

情节记忆

价值记忆

感情记忆

● 用自己的头脑做出的决定，才有动力去执行

要想提高动力，一个重要的前提条件是"用自己的头脑做出决定"。

人在做决定并将决定付诸实施的时候，用到的大脑区域是背外侧前额叶。背外侧前额叶会充分参考价值记忆、情节记忆、感情记忆，根据过去的经验进行类推，进而做出判断。但是，当别人授意我们做某种决定的时候，背外侧前额叶的机能是不会使用的。所以，为了使用这个区域的大脑机能，前提条件就是要自己做决定。

一提到思考，大家可能容易想到运转头脑去想出创新的方法。但实际上，回顾过去发生的事情，也是一种重要的思考。回顾过去的体验的时候，同时回忆起当时产生的感情，是做决定的关键，因为这个过程和动力的产生存在直接关系。

使用这个大脑机能，可以促进我们的成长。自己做决定的时候，我们的头脑中会进行信息处理和预测的工作，"这样做的话，会产生那样的结果，所以，我可以尝试一下"。以此为基础进行实践，我们实际的体验和头脑中想象的情况就会产生一定的落差。这个落差可以促进多巴胺的分泌，从而提高学习效率。反过来，如果是别人帮我们做的决定，事前我们没有使用自己的头脑，也就相当于我们没有做准备活动，就直接开始体验了。这样一来，现实和想象就不容易出现落差（因为事前根本没有进行想象或预测），因此学习效率比较低下。

上学的时候，老师经常强调："预习很重要！"

其实，不仅限于上学的时候，我们一生中学习任何新知识、新技能的时候，预习都非常重要。使用背外侧前额叶的功能进行预测、准备之后再学习，或是什么准备也不做直接学习，两者的学习效率和效果存在天壤之别。如果事先进行了准备，即使在实施过程中不太顺利，我们至少也能知道哪里不顺利、为什么不顺利。事先没有准备，我们就会对行动过程充满未知和不确定感，而由此产生的不安和压力将极大降低行动的动力。只要事先做了准备，即使行动失败了，我们也容易找到失败原因，发现成功的路径。所谓事先准备，其实就是自己决定自己要做的事情。自己决定的事情，在实施过程中出现了错误，反而能成为学习、成长的原动力。

● 违和感（不协调感）和纠结状态是动力的重要原材料

违和感对动力来说，是一种非常重要的原材料。

可能很多朋友觉得"违和感"不是个褒义词。但实际上，感知到违和感，也是人脑的一种优秀机能。甚至可以说，能够感知到违和感，应该是我们人类的幸运。

当某种信息进入我们头脑的时候，如果这种信息和大脑既存的信息有偏差，或者说头脑觉得这种信息很奇怪，那么大脑中名为"前扣带回（anterior cingulate cortex, ACC）"的区域就会被激活。这种偏差即使无法用语言说明，也会作为非语言的感觉告知大脑——出现了违和感。

培养动力的提示 16

自己做决定

　　我们要学会自己做决定，然后采取行动。也就是用自己的头脑，自己思考，自己感受，自己做决定。而且，要参考自己的情节记忆、感情记忆和价值记忆，做出决定。由此，驱动自己的感情以提高动力，还要用头脑对行动进行想象、预测，当现实与预测出现落差时，可以提高学习效率，促进自己的成长。别人给我们做决定、命令我们做事情的时候，我们头脑中的这种机能根本不会被激活。

做这个！

好吧，好吧。

我要做这个！

动力

　　因此，如果我们能感知到前扣带回发出的非语言性通知，我们进行判断的依据就增加了。我们容易认为违和感等感觉是非理性的，也是没有理论支撑的。实际上，这些感觉是大脑从以往保存的数据中提取出来的、有人脑生物学理论作为支撑的信息。这些信息是否有用、能用并不重要，重要的是我们要培养自己的头脑拥有活用违和感等感觉的能力。

　　为此，我们首先要重视自己感知到的违和感。违和感，是我们根据以往的经验向自己发出的重要通知。敏锐地探测到违和感，并进一步分析这份违和感来自哪里，在探寻的过程中也许能让我们有新的发现，这将提高我们的直觉敏锐性和瞬间做出决定的能力。

　　另外，纠结状态，也是人类大脑的一种重要机能。人处于纠结状态的时候，会感觉"既不是这样，也不是那样"，在这种情况下，头脑中多个区域会进行一系列复杂的处理。强制停止这种纠结状态，其实是一种"过度保护"的行为。常见一些父母会终止孩子的纠结状态，一些上司会喊停下属的纠结状态。这些父母和上司看到孩子或下属处于纠结状态时，就会出手相助，阻止他们自己思考，教他们该怎么做，甚至直接代劳。

　　当陷入纠结状态时，用自己的头脑进行思考，想出解决办法，并付诸实施，不管结果如何，我们在这个过程中一定能收获很多经验教训。因为只有在自主思考基础上的行动，才会在预测与现实之间产生落差，落差刺激多巴胺的分泌，多巴胺则能提高学习效率、增强记忆的牢固度。

　　过度保护会让纠结的当事人大脑停止运行信息处理的功能，

从而使当事人无法进步和成长。如果有人能保护我们一辈子，当然也不错，可是父母或上司不可能陪我们一辈子。不管是在生活中，还是在工作中，很多时候都需要我们自己思考、做决定、采取行动。所以，**如果不能锻炼自己经过纠结状态之后做出决定的能力，就会变成一个毫无思考、行动能力的人，也会陷入动力低迷、无法提高的状态。**

只有经历很多的纠结时刻，反复体验咀嚼、感知、思考、决定的过程，才能培养出瞬间判断"GO"或"NO GO"的直觉决断力。当然，纠结状态很令人苦恼，我也不喜欢这种状态。当大家陷入纠结状态的时候，我希望您保持"熬过这个阶段，就能实现更大的自我成长"的心态，积极地去面对纠结状态。只有保持这样的心态，我们的头脑才能处于放松状态，能够灵活地面对问题，也更容易被激发出动力。

● 为建立自信，我们要认真面对违和感

相信自己，也是激发动力的重要因素。我们都知道相信自己的重要性，背后的原因是什么呢？其实，从人类头脑的运转机制就可以解释自信的重要性。

"你要有自信！"当别人这样鼓励我们的时候，我们可以单纯地理解为"不管怎样，就是要相信自己！"在这里，我想和大家具体分析一下"自信"，主要包含以下两个问题："对于自己正在做的事情，该如何建立自信？"和"拥有自信的状态，是一种怎样的状态？"

　　我们正在做一件事的时候，有关这件事的信息就会传输到我们的大脑中。大脑会将这些信息与过去的体验记忆（以前是怎么做的）、价值记忆（自己认为什么重要）进行比照。现在所做的事情与体验记忆、价值记忆是否一致，将极大地影响我们做这件事的自信程度。

　　要想建立自信，需要将"自己正在做的事、想做的事"与"自己曾经做过的事、重视的事"联系起来。

　　然而，我们在拼命投入眼前正在做的事情时，容易轻视甚至忽略自己曾经做过的事和自己的价值观等。这时，前扣带回可能会向大脑发出违和感的通知——自己当前正在做的事情，正朝着与头脑中既存的信息不同的方向，或者奇怪的方向发展。

　　当大脑察觉到违和感的时候，说明自己正在做的事情，应该和自己珍视的思维方式、目的、以往积累的经验产生了偏差。这个时候，我们一定要重视这种违和感，反思违和感产生的原因，并努力修正自己的实际行动，使之与头脑中保存的信息一致。做到这一点，我们就能对所做的事情产生自信。

　　另外，为了建立自信，我们应该将自己成功的经历、做得漂亮的事情，深刻地记忆在头脑中。如果只看自己的毛病，总对自己吹毛求疵，就无法让头脑信任自己。所以，有意识地留意自己积极的一面，是建立自信的必由之路。

　　将自己正在做的事情，与自己曾经做过的事情、重视的事情进行对比，意识到偏差时就对自己的行动进行修正，然后在行动中关注自己积极的一面，把成功的地方牢牢保存在记忆中。不断重复这样的循环，人就能逐渐建立起自信。

培养动力的提示 17

拥抱违和感

产生违和感，是我们人类头脑的一种优秀机能。所谓违和感，是头脑根据以往的记忆痕迹进行判断，做出的错误预判通知，这个通知是非语言性的。感知到违和感，对其进行语言化解释，可能给我们带来全新的发现，也有助于个人的成长。拥抱违和感，学会和违和感打交道的正确方式，可以帮我们提高动力。

拥抱纠结状态

纠结状态，是我们的头脑对不同的感情反应、认知反应同时进行处理的一种高级信息处理机能。这种状态可以锻炼我们头脑处理信息的能力。不断经历纠结状态，我们头脑的信息处理能力会得到提高，认知、直觉的灵活性也会随之提高。因此，偶尔烦恼、纠结，是头脑成长所必需的。来自外界的过度保护，会硬生生地帮我们摆脱纠结状态，从而使头脑失去成长的机会。所以，我们要珍惜纠结状态，因为这种状态是我们头脑成长的证据。对于纠结状态，秉持这样的态度，我们学习、工作的动力就会不断提高。

相信自己正在做的事情、想要做的事情

相信自己正在做的事情、想要做的事情，即建立自信，可以提高我们做事的动力。为了建立自信，我们需要将正在做的事情、想要做的事情，与自己以前做过的事情（情

节记忆和感情记忆）、自己重视的事情（价值记忆）进行对比。对比的同时，继续行动，即使失败也是成长的机会。同时敏锐地捕捉违和感，修正自己的行为，关注自己成功的地方、做得好的部分，玩味快乐的感觉，渐渐地就能对自己正在做的事情、想做的事情建立起信心。如此建立起来的自信，将成为激发动力的重要因素。

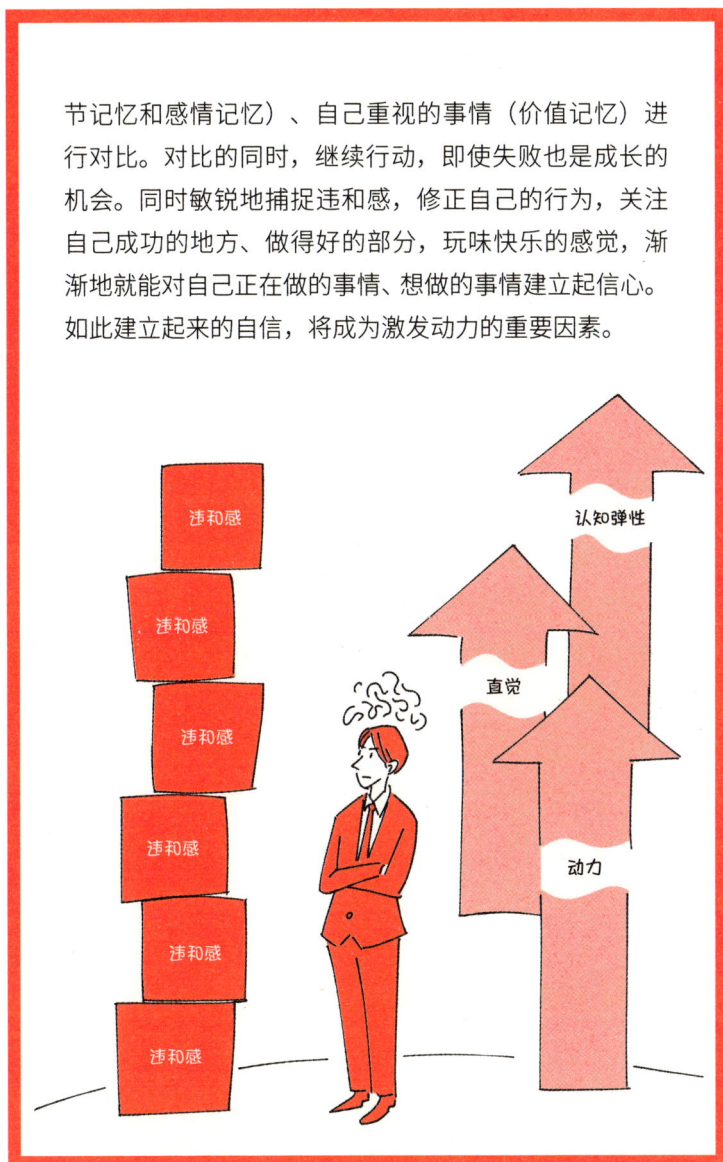

从头脑的运转机制来看，人建立自信的时候，头脑处于非常好的状态。此时，进行报酬预测、快感预测的价值记忆十分牢固，多巴胺也处于容易分泌的状态。而且，头脑会根据体验过的经历，对当前的状态产生出快乐的情绪，这又进一步促进了多巴胺的分泌。集合各种积极因素，让自己情绪高涨、热情十足的大脑状态，就是自信满满的状态。只有当大脑真正建立起这样的系统时，我们才拥有了真正的自信。

● 重视毫无根据的自信

在本章的最后，我们要讲一讲另外一种自信。

前面讲过，将现在做的事情与过去的记忆相连接，从成功的部分学习经验，从失败的地方总结教训，认识到现实与想象的落差，不断磨合、不断修正路线，可以培养我们的自信。自信也是激发动力的重要因素。

但某些时候，不和实际行动、经验相结合，也能产生自信。我们人类有一种奇特的能力——在没有任何现实支撑的情况下，也会感觉"我能行"，即产生一种毫无根据的自信，或者叫盲目自信。人类的这种特性，并不完全一无是处。

在进行全新的挑战，或在新的领域开拓进取时，不可能有先例让我们参照。要想继续挑战下去，毫无根据的自信就显得尤为重要。

在面对全新挑战的时候，我们头脑中以结果为驱动的思维方式，是难以产生挑战动力的。只有认可过程价值的那种思维方式，才会鼓励我们朝毫无经验的领域奋勇前进。

根据以往的经验，我们不知道挑战新领域会产生什么样的结果，尽管如此，还去挑战的话，可以让我们学到很多新知识，积累无数新经验，如果挑战过程中有成功的地方，也会作为积极的经验被我们的超认知记录下来。这样一来，我们头脑中就会形成强烈的回路连接[1]——"不知结果如何的挑战，我也能成功"。长此以往，我们就可以为自己培养敢于挑战、善于挑战的头脑。

为了达到这样的效果，我们始终保持勇于挑战的态度。但挑战完了，不等于一切就结束了，还要反思在挑战过程中自己得到了什么、学到了什么。如果只按照时间轴来记忆挑战、体验、学到的知识，而不将它们联系起来思考，那在我们头脑中，"挑战的记忆"和"收获的记忆"就无法实现连接。根据"Neurons that fire together wire together"的原则，我们要让"挑战的记忆"和"收获的记忆"同时再现在头脑中。只有这样，才能在头脑中形成"挑战的话，可以收获什么"的思维回路。而且，反复经历挑战加反思的过程，渐渐地我们的头脑就会认为"挑战是有价值的"。当头脑认为"挑战本身有价值"的时候，我们面对结果未知的全新挑战时，也会产生勇往直前的动力。这便是拥有"毫无根据的自信"的状态。

高明的老师、教练，看到自己的学生学到知识或取得成果的时候，不会单单停留在喜悦或表扬的层面，而是同时要求学生反

---

1. 连接：wiring，接线、布线的意思。这里指神经细胞连接处的突触得到强化，从而提高传导效率。

思"当初想挑战的时候,以及整个挑战过程中他自己的状态"。
这样做可以帮助学生培养敢于挑战的头脑,也可以给予他们毫无根据的自信。

　　掌管毫无根据的自信的大脑区域叫作 rlPFC,位于大脑最前端的前额叶皮质中。这块大脑区域负责人类非常高级的信息处理。真正意义上的"毫无根据的自信"是指,能够认识到风险,尽管如此,也能抑制心中的不安与焦虑,同时寻找积极因素、可能性、梦想甚至妄想,然后推动我们向前进。可以说,毫无根据的自信是非常高级的头脑机能。

　　那些寻找"新大陆"的探险家,充分理解探险活动的风险。他们会事先尽最大可能,进行准备、制定对策,以应对风险。在此基础上,他们受到冒险活动本身的意义,以及幻想中新大陆美丽景象的鼓舞,勇敢地踏上冒险的旅程。没有人从一开始就知道冒险的结果是什么,尽管如此,冒险家依然敢于挑战。这就是因为人类头脑中的高级机能告诉我们"感觉自己能做点什么"。不要把这种毫无根据的自信视为鲁莽,其实它是我们挑战新事物、学习新知识的动力之源。

　　动力是一个笼统的概念,实际上它是由多种错综复杂的因素相互联系、互动形成的。这一章中所讲的动力,说到底只是个人的动力,以及周围和自己相关的团队成员的动力。关于培养动力的一些提示,还望大家根据自己所处的环境,结合自身的具体情况,加以具体分析,这样才能充分发挥出它们的作用。我建议您关注自己所处的环境和自己头脑中的记忆,学会用自己的头脑思考问题，敢于尝试、敢于犯错，善待违和感和纠结状态，从中反思、总结、学习，不断鼓励自己勇往直前。只有这样，人才能获得不断的成长。

不过，要想提高动力，不断前行，还要给头脑适当的休息时间。让头脑休息的方法之一，就是和精神压力打交道的方法。因此，在下一章中，我将为您讲解有关精神压力的知识。学会和精神压力打交道的方法，可以进一步提高我们的动力。

培养动力的提示 18

珍惜毫无根据的自信

有一种自信虽然毫无根据，却能让我们产生敢于前进的动力，这其实是人类头脑的一种高级机能。任何人一开始都没有经验，但在获得成功经验之前，人们的头脑会认为"自己能做点什么""自己能成功"。我们要让挑战的经验和挑战的成果同时在头脑中再现，让它们之间建立起牢固的联系，这样就让头脑后天学习到了挑战本身的价值。

第二章
精神压力

STRESS

原来每个人都说自己压力好大

理解精神压力的原理

● 有些情况下，精神压力可以帮我们提升能力

在第二章中，我们一起来深入学习精神压力的原理。学会和精神压力打交道的正确方法，会让我们活得更轻松。但减轻精神压力并不是我们唯一要做的事情，因为适度的精神压力对于提高动力也很重要。所以，大家一定要正确对待精神压力，不要把它想得一无是处。

在以"精神压力"为主题做演讲的时候，我常会和听众做如下的小游戏：

虽然有点突然，但我想先和大家做一个关于注意力的小测验。

请大家在三秒钟内，数出图中（图17）有多少个带颜色的类圆形。

现在开始！

……（过了六秒）。

请大家停止。

数完的朋友，请告诉我答案。

出题的时候，我告诉大家"在三秒钟内"数出来，给大家施加了时间紧迫感的压力。但实际上，我给大家的时间是六秒，比原定的时间翻了一倍。也就是说，在这里我们要讨论的重点不是实际时间，而是"三秒钟"这个时限压力。

提出"三秒钟"这个时限要求，参与者的能力发挥会受到很大的影响。会有怎样的影响呢？那就因人而异了。有的人一听说

图 **17**

只有三秒钟，就会把注意力集中起来，专心数图形；而有的人一听说只有三秒钟，马上焦虑起来，甚至不知从哪儿数起了。结果可想而知，前者能发挥出高于自己平时的水平，后者则发挥不出平时的水平。

人类的头脑，可能在精神压力的作用下，发挥出超常的能力，也可能无法发挥出正常水平。换个角度说，精神压力有好的一面，也有坏的一面。不过，压力反应本身是我们维持生命活动必不可少的机能。

另外，仅通过这一个测试，就可以看出精神压力对每个人能力发挥的影响是不同的。因此，我们在看待精神压力的时候，不能要求所有人对压力都做出同样的反应。我们对某种刺激会产生压力反应，但别人对同样的刺激，不一定也会产生压力反应。反之亦然。

　　每个人压力反应的不同，可能源自个人体内压力荷尔蒙受容体的机能差异，也可能源自婴幼儿时期的生活环境差异，还可能是遗传因素或环境因素差异造成的。不管什么原因，总之，世界上没有任何两个人对精神压力的反应是完全相同的。

　　举个例子，假设我能接受某种刺激，对这种刺激完全不会感到有压力，但我不能据此推定别人也能接受这种刺激，更不能把这种刺激施加给别人。反过来也是一样，某种刺激也许让我产生巨大的压力，但别人可能对那种刺激毫无感觉。

　　压力反应因人而异，不管是面对精神压力的时候，还是出于人际关系的考虑，我们必须时刻清醒地认识到一点——"每个人的压力反应都不同，不可用同一标准要求所有人"。另一个重点就是，人要了解自己的精神压力和压力反应。因为每个人的压力反应都不同，只有自己最了解自己的压力反应。如果自己都不了解自己的压力反应，那是完全无法面对压力的，更谈不上与压力和谐共处了。对什么样的刺激，产生什么样的反应，有什么样的感受，这个结果一方面受到遗传因素的影响，另一方面受环境因素的影响。我们要学会从整体上把握自己的压力反应，只有深刻理解自己的压力反应，才能保护自己的身心，才能发挥出超常的能力，才能顺畅地与人沟通交往。

　　可能有一些朋友不愿直视精神压力，但是，如果不能直视精神压力，不把它分析透彻，就没法让压力成为我们的朋友。

　　本章要讲的不是抑制、消除精神压力的方法，而是把压力转化为成长动力的方法，并且是从头脑、身体的运转原理出发，进行详细的讲解。

和压力交朋友的提示 1

接受精神压力的多样性

　　每个人对精神压力的感受方式不同，同样的压力可以降低某些人的能力，也可以提高另外一些人的能力。我们不能笼统地说精神压力都是坏的。适度的压力对我们来说是必要的，精神压力也是我们头脑、身体具备的一个重要系统。

认识到每个人对精神压力的反应不同，接受差异

　　每个人对精神压力的反应都不相同。我们不能强求别人对压力的反应和自己保持一致，要理解、接受彼此的差异。

了解自己的精神压力

　　我们要认真分析自己对于什么样的刺激，会产生什么样的、多大程度的精神压力。深刻了解自己的精神压力，才能和压力成为朋友，才能消除压力的消极作用，发挥它的积极作用。

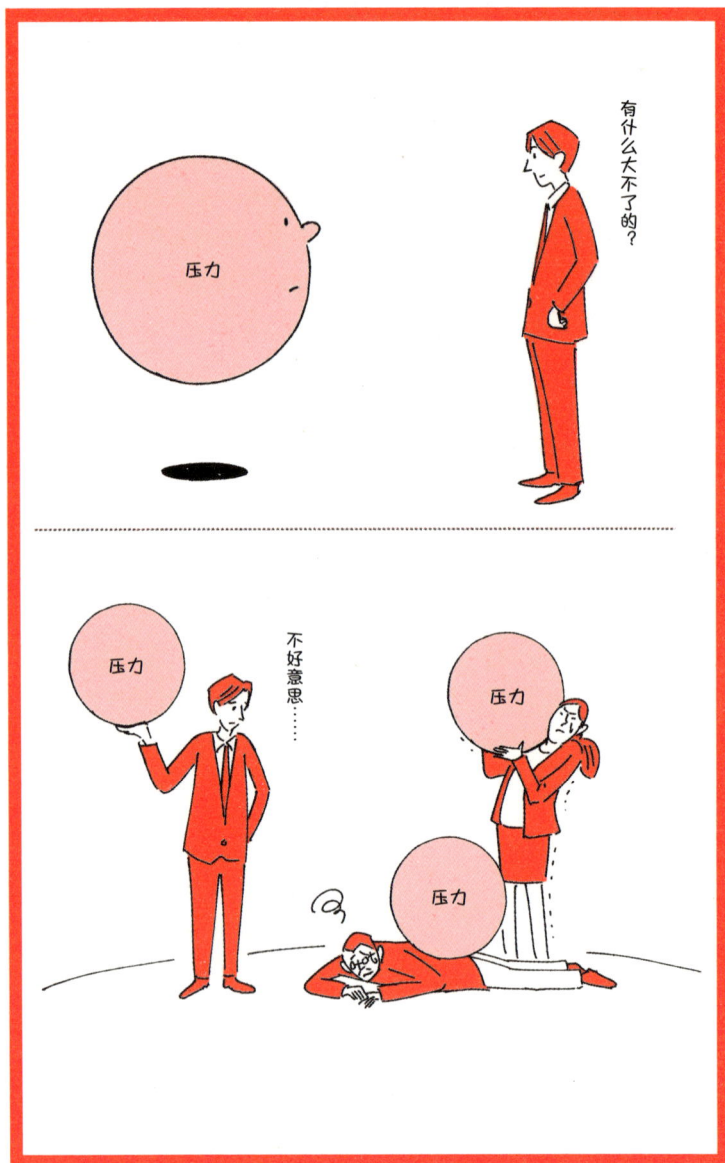

把精神压力分解开来思考

请看下页的图18，看到右侧的女孩子，左下方小狗头脑中的压力反应非常剧烈，但左上方小狗头脑中的压力反应比较和缓。这时，女孩子说了一句意味深长的话：

"我是产生压力的原因？呵呵……"

您从这幅图中得到了什么启示？请您思考一个问题：精神压力来自哪里？

假设图中的女孩子是压力产生的原因，那么，女孩子的出现应该和小狗出现的压力反应形成因果关系。如果是这样的话，那左上方小狗没表现出明显的压力反应，该怎么解释呢？因此，女孩子并不是压力产生的原因。

我们把这个女孩子带来的刺激叫作"压力产生的间接原因"。

一般情况下，很多人容易把自己产生压力的原因归结为外界的信息、语言等，即把责任推诿到别人身上。为了深入理解精神压力形成的原因，我们要从"间接原因"和"直接原因"两个角度来分析。

● 区分压力间接原因、压力媒介和压力

形成压力的间接性刺激，叫作压力间接原因。

压力间接原因，可以分为两类。一类是来自外部的刺激，即外部间接原因。另一类是来自内部的间接原因。例如，我们曾经有过某种不好的体验，当时产生了压力反应。日后再次想起那段

图 **18**

经历时，也会感觉到压力。也就是说，自己的回忆成为压力产生
的原因，这就是内部间接原因。

另一方面，造成压力的直接原因又是什么呢？

当压力间接原因作用于我们的时候，我们的身体、头脑会随
之产生压力反应。压力间接原因导致的身体、头脑的变化，统称
为压力媒介。顾名思义，就是产生压力的媒介。压力媒介是产生
压力的直接原因。

另外，认识到压力媒介表现出来的状态（身体、头脑产生的
变化），就感受到了压力。表现出压力反应的状态，和认识到这
种状态，使用的是两种不同的大脑机能。

请大家回想一下，动力激发因素、动力媒介和动力的关系。

动力激发因素就相当于压力间接原因,动力媒介相当于压力媒介。当我们认识到动力媒介带来的变化的时候,就形成了动力,同样,当我们认识到压力媒介带来的变化的时候,就感受到了压力。

● 精神压力的三大重要作用

精神压力有什么作用?我们来好好分析一下。

第一,传达作用。我们当前接收到的信息到底是什么类型的信息?精神压力把这个问题的答案传达给我们的大脑。

举个例子,假设有一个穷凶极恶的歹徒,手持尖刀,挡在我们面前。这时,如果对眼前的信息完全感受不到压力,反而悠闲地问歹徒:"你想干什么?"并向其靠近,恐怕被杀死的可能性将非常大。也就是说,当危险出现在眼前,我们无法通过压力反应将危险信息传达到大脑,我们的生存概率就会大大降低。由此可见,压力反应对我们人类来说非常重要。眼前的信息是什么类型的信息,是危险信息还是安全信息,是由精神压力传达给大脑的。

第二,提高记忆力的作用。对接收到的信息产生压力反应,可以帮助我们学习这些信息,并将其深刻记忆在头脑中。[1]为什么要记忆这些信息呢?是为了日后进行推测。当我们受到某种刺激,将这些信息保存在头脑中的意义在于,下次再接收到类似信息的时候,我们的头脑可以根据以前存储的信息进行推测,以便

1.见《身体对心理创伤的记录》,巴塞尔·范德考克著,柴田裕之译,纪伊国屋书店。

提高反应速度。

从这个意义上说，**当我们产生压力反应的时候，记忆的固定率会提高，也就是学习效果会提高**。大家可能也体会过，我们漫无目的地学习时，效率极差，学过的知识也不容易留在记忆中。当受到一定压力或压迫的时候，学习的知识会牢固地记忆在头脑中。

第三，压力对"直觉"也有一定的影响。当我们头脑中对某事感觉"不太对劲""糟糕了"的时候，是头脑发出了一种感性的、模糊的通知。这是一种说不出来的感觉，我们无法用语言形容出"怎么不对劲""怎么糟糕"，它是头脑告诉我们的一种违和感，一种别别扭扭的情绪。但是，据此我们可以判断"不能再继续做下去了，要停下来"。这就是所谓的直觉判断。

当然，压力反应只是对直觉有所帮助的因素之一。但是，因为压力反应可以强化记忆，我们学习过某种体验后，下次再遇到类似情况的时候，就可以凭直觉快速做出反应。

那么，我们人类的头脑为什么会具备这样的压力反应机能呢？

现代社会，由于科技的进步、生产力的提高，人类生活在比较安全的环境之中。但在远古时代，人类生活的环境到处是危险，狼、熊、老虎等猛兽经常出没。当猛兽来袭的时候，在压力反应的作用下，人类的学习能力、推测能力得到提高，生存下来的概率才会更大一些。

从古时候到现在，人类头脑的基本构造没有发生多大的变化。从这个意义上说，精神压力是生物为了提高生存概率而不断进化出来的机能。读到这里，您是不是觉得精神压力原来也是挺有用的，不再像以前那么讨厌它了呢？

和压力交朋友的提示 2

理解精神压力的意义、作用

　　压力反应，可以将我们面对的信息到底是哪种类型的信息传达给大脑。压力反应传过来的信息，有可能是危险信号，也可能是全新的有益的知识。多亏压力反应的存在，提高了我们处理信息的效率，增强了记忆，还为以后的快速反应打下基础，同时锻炼了我们的直觉敏锐性，提高了我们的生存概率。

● 人脑有三种模式

我们人类的头脑有三种模式，了解这三种模式的运行原理，对于认识精神压力非常重要。

请看下面的图19，图中最左侧显示的是人接近无意识状态时，头脑运行的网络，这种状态被称为"默认模式网络（default mode network）"。我们发呆、做白日梦的状态，就是默认模式网络的典型表现。

图 19

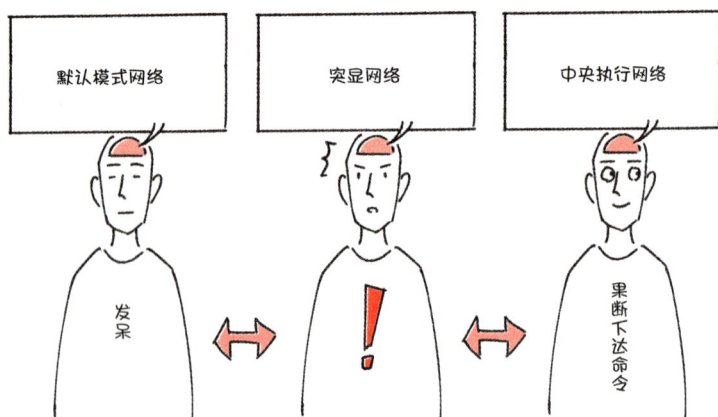

默认模式网络　突显网络　中央执行网络

发呆　⟷　！　⟷　果断下达命令

图19最右侧显示的是"中央执行网络（central-executive network）"。这种模式的作用是自上而下发出各种各样的指令。当我们自主思考或有意识地把注意力集中到某个事物上时，头脑就开启了中央执行网络模式。

到目前为止，科学家对默认模式网络和中央执行网络进行了各种各样的研究。最近，科学家们又发现了另外一种非常重要的头脑模式，就是位于图 19 中间位置的"突显网络（salience network）"。

默认模式网络让我们在无意识间随意做事情，中央执行网络让我们自上而下地处理信息，而突显网络的作用是让我们的头脑在上述两个模式之间实现动态切换。

下面，我简单地概括一下突显网络的功能。

突显网络主要对体内环境的变化进行探测，并根据变化产生反应。就是说，如果前扣带回发出"感觉有点奇怪"的警告，这个警告信息会被传达到岛叶皮质，进而，岛叶皮质的前侧——前岛叶皮质（anterior insular cortex, AIC）会对这个异常情况的强度进行主观判断。

如果有人突然跳到我面前，大叫一声，我的反应肯定是"啊！吓死我了"。这是一种无意识的反应，前扣带回发出异常警报，我们才会意识到自己被吓了一跳。随后，我们评估自己受惊吓的程度，这就是前岛叶皮质的任务了。因此，前扣带回和前岛叶皮质是构成突显网络的重要大脑部位。

前面讲的一些专业术语，大家不必花精力去记忆，只要记住我们头脑中有察觉内部环境变化的部位，而充分利用这些部位的机能，**便有可能开启各种各样的能力就可以了**。能否察觉到自己内部环境的变化，是应对精神压力不可缺少的能力。为什么这么说？因为每个人固有的压力反应，只能通过本人的突显网络感知、认识，然后才能考虑如何应对这些压力。

● 察觉到自己产生压力反应的状态

我们只有察觉到"自己产生压力反应的状态"，才能认识到自己正在承受压力。察觉到自己的压力反应，并对其进行标记，才能用语言形容出"自己感受到了压力"。所以，自己内部产生压力反应的状态，与认识到这种状态，使用的大脑区域是不同的，随后产生的反应也不同。大家　定要牢记这个差别。

为什么说察觉到压力反应非常重要？

举个例子大家就明白了，**嘴上一直说自己没有感到任何压力的人，反而更容易患上抑郁症**。对这样的人来说，他们体内已经产生了压力媒介，实际也产生了压力反应，自己却对此毫无察觉。在没有察觉到压力反应的状态下，他们不可能知道自己该如何采取正确的行动。

如果察觉到压力反应，人们就可能采取缓解压力的行动，比如，找人倾诉。这样一来，精神压力就可能全部或部分得到消除。压力媒介是让我们察觉到自己内部环境变化的一个提示。为了捕捉到这个提示，我们需要用突显网络去感知、去发现。

另一方面，认识到自己有压力的状态，也就是察觉到压力媒介的状态，我们可以对压力媒介进行标记。要说哪个人"完全不存在压力反应"，是不可能的。任何人体内都存在压力反应。因为人类头脑内存在与压力相关的复杂回路，在如此复杂的回路中，说不定就在哪个位置正发生某种压力反应。也正因为如此，察觉到压力反应的存在意义深远。

突显网络就是为发现体内环境变化而存在的，我们要利用突显网络，来仔细倾听自己内心的声音。如今，"正念"[1]再次引起世人的关注，就是因为世间充斥着太多的信息，人容易受到外界的吸引，而忽视内心的想法。我们的头脑本身就具有向内反思自我的机能，我们没有理由不好好利用自己的这种大脑机能。

另外，还有一点非常重要，**当我们出现压力反应的时候，体内会有一种自动恢复机能开始运转，在一定程度上能让我们恢复到原本的状态。**

这种机能叫作生态恒常性。

也就是说，当我们内部环境出现变化，产生压力反应的时候，要想恢复到原来的无压力状态，可以顺应生态恒常性的机能。理解生态恒常性的机能，也许就能启发我们找到减压的方法。可以说生态恒常性是我们头脑的一种自律性压力管理方法，我们要学会有意识地利用头脑自带的这种减压机能。

---

1. 正念：mindfulness，深刻认识到当前这一瞬自身的精神状态。——译者注

和压力交朋友的提示 3

倾听压力反应的声音

  发生压力反应的状态和察觉到压力反应，用的是两种不同的大脑机能。要想和压力成为朋友，第一步就是要仔细倾听压力反应的声音，想办法去发现它。

04

模式化学习成功之前的精神压力

我们的头脑中有一个叫作 rlPFC 的部位。该部位具有对事件进行分类的功能。而且，rlPFC 还具有从全局俯瞰自身精神压力的功能，这是我们在把握自己的学习模式、学习方法时非常重要的一项功能。

一开始我就讲过，用于客观认知自己的超认知，非常重要。但在大多数情况下，我们对自己的超认知，仅仅停留在看清"自己当前状态"的层面。

实际上，我们的头脑还有一个重要机能，那就是根据自己以往的各种体验，以及当时随之产生的感情，对自己的行为倾向、感情倾向进行模式化总结。负责这一机能的就是 rlPFC。如果能够活用 rlPFC 的这个机能，结合模式化总结对自己进行超认知，就可以对承受的压力进行整理，并加以模式化，从而将压力反应转化为自我学习。

● 同时学习"成功体验和成功路上的失败体验"

话虽如此，但对承受压力的体验进行总结，并不是一件轻松的事情。不想回顾压力体验，甚至想逃避，才是大多数人的正常反应。不过，克服这种心理，也有小窍门。那就是对"成功路上经历的失败、承受的压力"进行模式化学习。

不可否认，有的时候，我们也会经历一帆风顺的成功。但大多数情况下，我们在成功之前都会经历各种各样的失败。回顾成

图 20　学习成功路上的压力反应

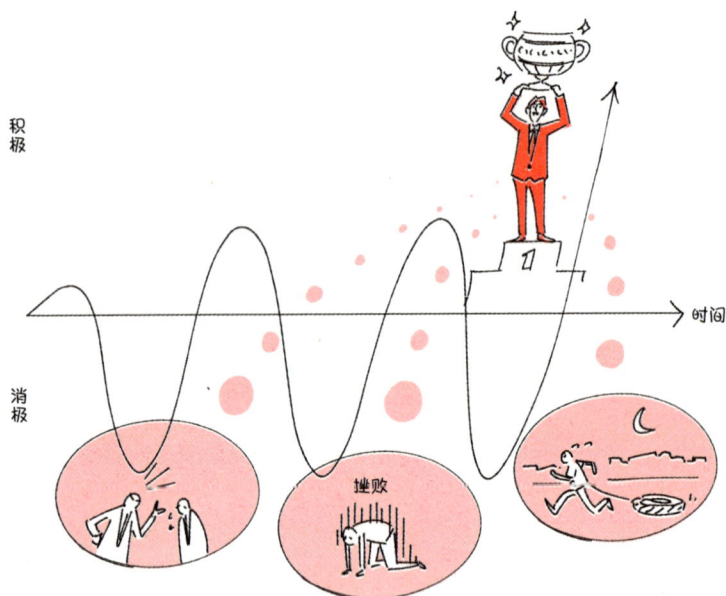

功路上的失败体验比回顾单纯的失败体验，能学到更多的东西。

如果最终获得了成功，在成功的瞬间，心中肯定会萌发积极的感情。在神经科学的世界中，我们的头脑会把成功瞬间的情节和当时随之产生的感情"打包"进行学习、记忆。最终取得成功的瞬间，我们随之产生的积极感情比较强烈，这时负责情节记忆的海马体与负责感情记忆的扁桃体会非常活跃，并联动起来一起学习成功的情节和喜悦的感情，也会将其非常深刻地保存在记忆中。因此，在回顾成功体验的时候，我们大多会想起当时的成就感和满足感。

但是，在获得成功的过程中，多半不是一帆风顺的，肯定经历过多次成功与失败的交替起落。当经历失败的时候，人难免会陷入消沉，产生消极感情，并引起压力反应。因此，**最终取得成功，并体验积极感情的时候，一定要和之前经历的失败体验或承受的压力结合起来，让头脑对这些经历"同时"进行学习。**

这样的过程，就是正确的超认知，也是头脑学习的好机会。

成功之后，结果容易看见，感情容易体会，积极的体验容易被记忆下来，但在奋斗过程中经历的失败、承受的压力，也不能就此忘记，一定要结合积极的体验，将曾经经历的消极体验一并记忆下来。在将积极体验和消极体验进行关联学习的时候，"同时"是非常重要的，这也是我们之前反复提到的"Neurons that fire together wire together"原则。

● 培养坚韧之心

在朝着成功努力奋斗的路上，遇到不顺利、失败，感受到压力的时候，可能很多朋友会立刻回顾、反思，审视自己的不足之处。这样做固然重要，但是，我更建议大家在取得成功之后再反思过程中体验的失败和承受的压力。

"唉，回想我刚做销售工作的时候，一个订单也谈不下来，当时真是太煎熬了。但我坚持下来了，现在工作终于走上正轨，签下很多订单。现在想想，那时承受的压力对自己是很好的锻炼。"

像例子中这样，在成功时刻体验积极感情的同时，回想起过程中的失败和压力，这样才会让自己的头脑学习到"辛苦过后会迎来极大的喜悦"。

头脑学习到这样的经验，才能让我们在下次碰壁时知道该如何应对失败和压力。另外，这种经验也能成为我们继续向前奋斗的动力。头脑学习这个经验的状态，我称之为"坚韧之心"，也就是各种失败体验的记忆和成功体验的记忆在头脑中联结起来的状态。拥有坚韧之心的人，在下一次遇到挫折的时候，不容易被困难击败，他们多会选择奋起反抗，直至战胜困难，取得成功。

失败了不去反思，成功后也不懂回顾，把成功和失败当作两种体验分别对待，不联系起来思考，这样，不管到什么时候，不管经历多少，人都无法培养出坚韧之心。所以，只有先理解头脑的运转原理，才能明白培养坚韧之心的方法。

另外，提到"拥有坚韧之心的人物"，大家的脑海中可能会浮现出一些著名的运动员、企业经营者。当然，能成为著名人物，他们必定有过人之处。实际上，这样的人物普遍善于在各种各样的情况下面对自我、审视自我、反思自我，从而培养出坚韧之心。而且，他们通过自己的努力成功、成名之后，肯定会有人采访他们，询问其成功经历。被采访的经历又会进一步强化他们内心的韧性。记者采访成功人物的时候，多半都会问及成功背后的辛酸经历。被采访者通过回忆自己的失败经历，又进一步强化了失败体验与成功体验的联结，进而也增强了他们面对消极状况时的头脑状态。

我们人类原本就不具备做一件事能够一帆风顺地取得成功的能力。因此，我们也知道"做一件事情不可能从头到尾一直顺利"。即便如此，要让我们只对过程中失败的体验和由此产生的压力进行模式化学习，也是非常困难的。**所以，我们才要将过程中的失败、压力与最终成功的体验结合起来进行模式化学习，这样才能让头脑认识到"体验的失败和承受的压力是有意义的"。**

　　微软公司的创始人比尔·盖茨曾经说过："成功固然值得庆祝，但更重要的是从失败中学到的知识。"

　　确实如此，在取得成功的时候，我们一定不要忽视心中产生的积极感情。但是，不能只停留在庆祝的层面，不能被喜悦冲昏头脑，同时还要反思在获得成功的过程中经历的那些挫折和承受过的压力。而且，不能单独把失败、压力作为消极记忆保存下来，一定要和积极感情结合起来，使其成为我们成长的动力。

和压力交朋友的提示 4

审视自己的精神压力（超认知）

超认知的本质其实就是模式化学习，即将过去的体验模式化，发现其中的规律。我们可以试着用超认知的眼睛，审视自己的压力反应。我们应该着眼于成功的体验，同时也要回顾在取得成功的过程中经历的失败、承受的压力，并将二者联结起来进行学习（Neurons that fire together wire together）。在这样反复的学习中，我们的头脑能认识到失败、压力的价值，从而培养出"坚韧之心"。再加上回顾、玩味努力过程中的积极体验和感情，可以让这些积极的内容深刻地烙印在头脑中，从而使我们的头脑不仅受结果的驱动，也会受过程的驱动。

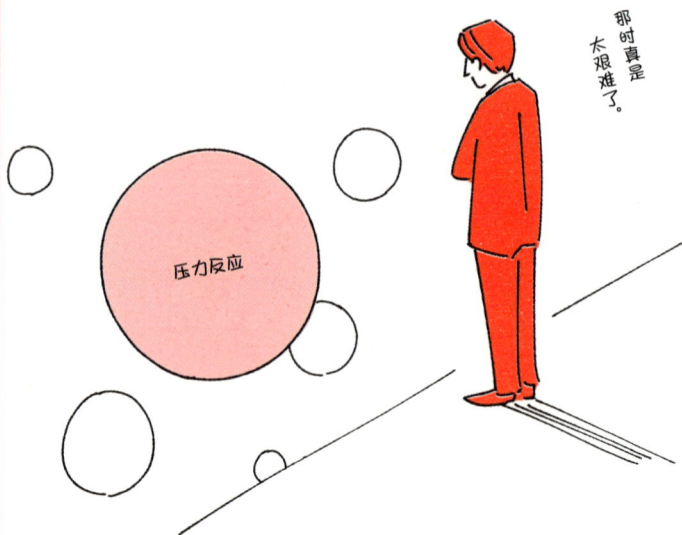

那时真是太艰难了。

压力反应

● 关注那些不容易被看见的积极因素

在回顾自己的成功过程时，还有一个视角非常重要。这要从我们人类自身的特性说起。与积极、成功的因素相比，人类更容易关注消极的因素。

大家可以回顾自己的经历，工作也好，学习也罢，哪怕是自己参加的体育运动，假设 10 分为满分，如果自己做到了 9 分，只差 1 分，很多时候我们也会对自己不甚满意，目光容易盯在那没有做到的 1 分上。再比如，上学时，100 分的卷子假如自己得了 80 分，我们也更容易关注那丢掉的 20 分。老师、父母也多半不会表扬我们得到的那 80 分，而是责问我们为什么丢掉 20 分。

为什么会发生这种事呢?

因为人脑是通过落差来认知事物的。现实与期待值落差的大小，会影响我们注意力聚焦的方向。假设有一个必须完成的任务，结果我们毫无波澜地完成了任务，结果和期待值没有产生落差。按照预期实现的事情，不会使我们产生落差感，于是我们也不容易有意识地去关注它。

我们人类的头脑中存在检测"错误"的机能，却没有专门、无意识地探寻"做得好的部分"的机能。因此，如果不是有意识地去寻找那些"做得好的部分"，我们的头脑是不会自动处理这部分信息的。

也许是由于这个生理上的原因，在生活中有专门找别人毛病的人，却没有专门看别人优点的人。基本上，人都擅长挑毛病。反过来看，有意识地关注好的部分，要用到我们的高级大脑机能。

　　"挑毛病"，可以在无意识中进行。因此，我们更应该有意识地让自己关注好的部分。从不足中总结经验教训固然重要，但从成功中也能学到很多东西。

　　接下来，我们把之前讲的内容总结一下。

　　我们取得成功的时候，如果只醉心于成功带来的满足感，那就太可惜了。这个时候，应该回顾一下努力过程中的失败体验和承受的压力，让头脑学习到成功背后的失败和压力是有价值的。反复如此，才能培养出"坚韧之心"。

　　当然，用心去寻找"在努力过程中潜藏的积极因素"，同样重要。这样做的好处是让我们的头脑不仅看重结果，也认识到过程的价值，从而提高我们做事的动力。结果驱动型动力，不会让我们去挑战那些看不清结果的事情。所以，我们应该在善用结果驱动型动力的同时，也让头脑学习到过程中的积极因素、快乐感情，最终让过程驱动型动力也成为我们的武器。

　　不仅从结果中学习，还要从过程中学习。不仅从不足中学习，还要从做得好的部分学习。这样的学习模式，可以把压力转变为能量，最终成为我们挑战新事物的动力。

05

产生精神压力时，人脑的反应

当我们感受到精神压力的时候，头脑中会产生如下一页图21所示的反应。

我们先来看精神压力的起点。有意识的也好，无意识的也罢，我们的头脑基本上都会进行各种各样的预测和期待。又会有像"某事件、某人的意见"这样的外部刺激，以及像"自己的想法"这样的内部刺激，进入头脑。结果就会产生期待值落差、预测值落差。产生负面落差时，或者掌管违和感的前扣带回（ACC）产生反应的时候，位于下游的各种大脑部位就开始骚动起来。那么，什么样的部位会有什么样的骚动呢？请您继续往下读。

● 因精神压力产生反应的大脑部位

第一个是扁桃体。扁桃体负责恐惧、不安等感情反应。当出现预测值落差的时候，压力反应会先从扁桃体开始。接下来是蓝斑核（LC）[1]开始反应，蓝斑核一工作，身体就开始合成去甲肾上腺素，而去甲肾上腺素会对下游的各种大脑系统发出刺激。

另一个是释放多巴胺的腹侧被盖区（VTA）。神经元与神经元之间通过突触连接，神经传导物质多巴胺可以强化突触的连接。

---

1. 蓝斑核（LC）：在中枢神经系统中，蓝斑核拥有最多含有去甲肾上腺素的神经细胞。蓝斑核参与控制清醒的水平、选择性注意、精神压力，以及疼痛的中枢性抑制、姿势控制等。

图 21　精神压力产生的原理

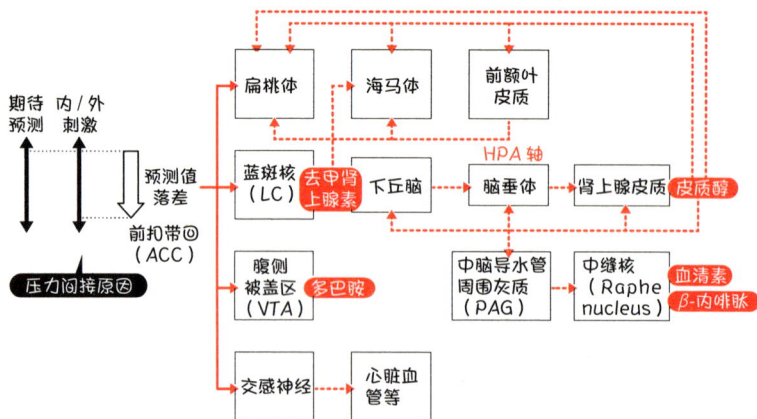

多巴胺对落差产生反应，并开始分泌。所谓落差，是现实与自认为的信息之间的差距，头脑必须对这个差距进行学习和认知。而多巴胺的释放，可以促进学习，提升记忆的固定率。

另外，当现实与预测值之间发生落差的时候，我们必须面对这种状况，并做出决策，采取措施。这时，负责逃跑或战斗的自律神经——交感神经就开始工作了。当我们感到压力时，心跳会加速，其实这就是交感神经工作的结果。

在精神压力的运作机制中，还有一条结构链不可忽视，那就是开始于蓝斑核（LC）的"HPA 轴"。"HPA"是下丘脑（hypothalamus）、脑垂体（pituitary gland）、肾上腺皮质（adrenal cortex）的首字母合写。

在这条 HPA 轴中，会从头脑向肾上腺皮质传递各种信息，最终促使肾上腺皮质释放一种叫作皮质醇的压力荷尔蒙。皮质醇又会反馈到下丘脑、脑垂体、肾上腺皮质，并被告知"不用再分泌了"。皮质醇随着血液，沿血管进入头脑，除了会反馈给掌管思考和专注力的前额叶皮质之外，还会流入负责情节记忆的海马体和负责感情记忆的扁桃体。

再有，皮质醇还会从脑垂体反馈到中脑导水管周围灰质，并从那里再导入中缝核，促进血清素的分泌。当我们感受到压力的时候，为了自律性地抑制压力反应，就会释放出血清素这种神经传导物质。同时还会释放β-内啡肽。第一章已经讲过，β-内啡肽是一种快感物质，感到疼痛的时候也会分泌。

可以说，血清素和β-内啡肽的分泌，是源自压力反应中的生态恒常性作用。当产生压力反应的时候，我们体内的平衡状态就会被打破，为了让身体恢复到原来的状态，就会产生自律性的反应。这里就隐藏着和压力打交道的窍门，后面我会详细讲。

06

适度的精神压力

对我们人类来说，适度的精神压力是非常必要的。

因为伴随压力反应而释放出的皮质醇、去甲肾上腺素、多巴胺等，反馈到前额叶皮质、海马体、扁桃体，对我们的头脑来说是非常重要的。

● 适度的精神压力可以提高我们的注意力、理性思考能力和记忆力

当皮质醇、去甲肾上腺素、多巴胺作用于前额叶皮质的时候，我们的专注力会得到提高，这已经得到了科学家的证实。人家还记得在本章开头做的测试吗？在那个测试中我给了大家三秒钟的时间，这就是一种压力。在这样的压力下，大家的专注力得到了提高。相信大家在工作中也有类似的体验，当工作截止期即将到来的时候，我们的注意力会高度集中于工作，和以前的自己相比，甚至像变了一个人。由此可见，在一定的压力条件下，我们的专注力会得到提高。

另外，在一定的压力条件下，我们聚焦型的理性思考能力也会得到提升。不过，压力对于自由创意型的发散性思考能力没什么帮助。

再有，适度的压力还能提高我们的记忆固定率。由此可见，当我们感到一定的压力时，会对我们工作、学习的生产性有所影响，主要体现在提高注意力、理性思考能力和记忆力上。

　　了解适度的压力的这些作用之后，我们感觉到有压力的时候，就不至于过度焦虑了，而会想"现在我感觉有压力，但这并不是坏事"。

　　我一直在说"适度的压力"这个词组，但什么才是适度的压力呢？从大脑科学的角度来看，可以认为"适度的压力"和"适当地整理压力间接原因"有相似之处。"自己现在想做的事情"带给我们的压力，可以说就是一种适度且良性的压力。

　　重点在于，要以"自己想做"为前提。在这种状态下，面对眼前任务时感到的压力，可以提升我们的专注力、理性思考能力和记忆力。

● 整理压力间接原因，聚焦眼前的事情

　　把前一小节的内容展开来讲一讲。

　　通常情况下，我们被各种各样的压力间接原因包围。假设我在一家咖啡馆，边喝咖啡边工作。在这种情况下，店里其他客人的谈话声、难以连接的 Wi-Fi，都可能是我的压力间接原因；或者，想起上司或客户那恐怖的脸，也从我的内心中产生出压力间接原因；昨晚和妻子吵架的情形，无意识地出现在脑海中，也是压力间接原因……也就是说，我周围可能时刻存在着各种各样的压力间接原因。

　　所以，我应该有意识地关注眼前的自己和眼前的事情，让注意力聚焦在自己想做的事情上，这非常重要且必要。同时，在无意识间对压力间接原因进行盘点、整理，将周围的"杂音"降到

最低。

听到前面这番话，可能已经有朋友想到了"动力"那章中提到的多巴胺与去甲肾上腺素的关系。

在工作中，我们如果过度在意周围的"杂音"，就会在去甲肾上腺素的作用下，使头脑对各种各样的信息都处于积极接收的状态。这样确实可以提高头脑处理信息的能力，但因为对多余信息的关注度提高，也容易分散注意力。

降低"杂音"的影响，就是多巴胺的作用。找出自己想做的理由，让自己对于眼前的事进入 SEEK 状态，就可以发挥出去甲肾上腺和多巴胺的动力作用。

从自己想做的事情上感受到的压力，表面上看起来是理所当然的"适度的压力"，但要给"适度的压力"下个定义，其实是非常深奥、复杂的。也正因为如此，了解压力产生的原理，并在此基础上把握压力间接原因，分析自己的压力来自哪里，尤为重要。把注意力集中在眼前的事情上，才能提高我们工作、学习的生产性，提高自己的能力和效率。

和压力交朋友的提示 5

适度压力的好处

　　对自己想做的事情感受到的压力，就是适度的压力。这种压力可以提高我们的能力。适度而不过度的压力，可以提高我们的注意力、理性思考能力和记忆力。如果您能意识到自己承受的压力是适度的压力，您应该感到高兴。

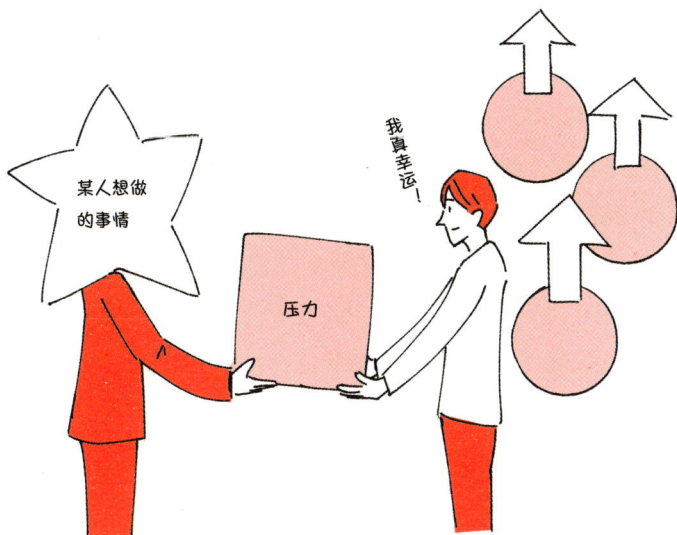

某人想做的事情

压力

我真幸运！

07

应该避开的精神压力

● 避开不适当的精神压力

前面讲了适度的压力是我们欢迎的压力。但也有一些是应该避开的压力，那么，应该避开的压力是什么样的压力呢?

第一，与适度的压力相反的压力。即"除想做的事情之外的事情带给我们的压力"。**在某一瞬间，我们有可能无意识地想起不愉快的往事，或者发现自身的缺点，**也就是说，那些非意图的、无意识的、不希望的压力间接原因，有可能闯入我们的头脑。

如果以解决问题为目的，那么无意间发现一些缺点，并由此带来压力，是好事情，有助于我们解决问题。但是，像"这家咖啡馆的 Wi-Fi 信号太差""突然想起上司那恐怖的表情"这类刺激，是我们不希望见到的，由此带来的压力间接原因是应该避开的。

在我们头脑中，为了学习"咖啡馆的 Wi-Fi 信号太差""上司的表情很恐怖"，就会产生压力反应。换句话说，通过学习"咖啡馆的 Wi-Fi 信号太差""上司的表情很恐怖"，来提高回避这些情况的概率。了解了头脑的这种运转机制后，我们发现，自己的压力间接原因，可以自己选择。所以，我们没有必要把有限的注意力特意用在自己不希望看到的事情上，而可以选择忽略它们。

图 22 心理安全状态与心理不安全状态

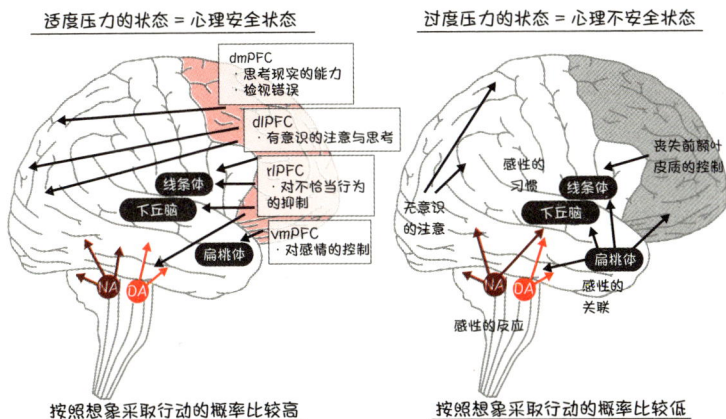

适度压力的状态 = 心理安全状态

- dmPFC
  ·思考现实的能力
  ·检视错误
- dlPFC
  ·有意识的注意与思考
- rlPFC
  ·对不恰当行为的抑制
- vmPFC
  ·对感情的控制
- 线条体
- 下丘脑
- 扁桃体
- NA DA

按照想象采取行动的概率比较高

过度压力的状态 = 心理不安全状态

- 丧失前额叶皮质的控制
- 感性的习惯
- 线条体
- 下丘脑
- 无意识的注意
- 扁桃体
- 感性的关联
- NA DA
- 感性的反应

按照想象采取行动的概率比较低

根据 Arnsten, A.F.(2009). Stress signalling pathways that impair prefrontal cortex structure and function. *Nature reviews Neuroscience*,10,410-22. 制成。有下划线的部分为作者追加。

● 过度的压力会让头脑一片空白

第二，过度的压力。我们的头脑中有一套成熟的压力管理系统，其中就有监视过度压力的机能。

从图 22 中，我们可以看出，承受过度压力的状态，也就是头脑使用模式突然改变的状态。图中左侧是承受适度压力的心理安全状态，右侧则是压力反应过度的状态。

当我们感受到过度的精神压力时，前额叶皮质就会停止运转。前额叶皮质掌管的是思考功能。压力过度时，头脑就会切换模式，并让前额叶皮质停止工作，告诉它："现在不是思考的时候，赶快逃跑！"或者"准备战斗！"但是，头脑的这种机能形成于远古时代，那个时候人类经常面对危及生命的危险。这种机能一直保存到现在，可这种机能作用于现代人，就弊大于利了，因为我们现在面临生死危机的概率远远小于远古时代。

关于前额叶皮质的详细机能，大家可以参考 Brodmann's areas。在这里，我将根据以这个分区为基础介绍大脑机能的论文，选择性地为大家讲解丧失前额叶皮质控制的危害。从中我们也可以看出，现代企业很重视员工心理安全的理由。

前额叶皮质中有一块叫作 dmPFC 的区域，具有思考现实状况的能力。如果这块区域停止工作，那么我们就容易做出不现实的选择。另外，dmPFC 还具有监视错误的功能，如果它不工作，我们就容易忽视错误。

也就是说，在冷静状态下，能够做出现实选择，并能不遗漏错误的人，在过度压力的刺激下，也难以做到以上两点。

不少电话诈骗[1]的受害者，在警方告诉他们上当之后，还诧异地说："我怎么可能受骗?!"当接到骗子的电话时，受骗者因担心自己亲人的处境，处于过度压力反应状态，头脑中把握现实和监视错误的功能已经丧失了。在这种状态下，他们会毫不犹豫地给骗子转钱。

前额叶皮质中的背外侧前额叶（dlPFC）区域掌管自上而下

---

1. 电话诈骗：这里特指骗子冒充子女给独居老人打电话，谎称自己出事了，向老人要钱的电话诈骗手段。——译者注

的、有意识的注意与思考。我们会把注意力转向自己想看的东西，就是因为背外侧前额叶发出了这样的指令。正因为如此，我们才能思考自己想要思考的事情。而在过度压力的状态下，这个区域也停止运转，人也陷入了所谓的"思考停止状态"。

因为极度紧张造成的压力反应过剩，也会让我们无法思考想思考的事情，甚至会出现视线无法聚焦、目光飘忽不定的生理反应。例如，下属面对暴跳如雷的上司时，会变得极度胆怯，乃至陷入思考停止的状态，自己的想法和意见根本无法表达出来。这时，即使上司的反馈是有用信息，但下属已经停止了思考，因此也无法学到任何东西。这样一来，下属以后还会犯同样的错误，从而陷入一种恶性循环。

另一方面，下属头脑中也在对情况进行学习。"这个上司很恐怖"会作为记忆深刻地保存在头脑中。但是，没有哪个上司希望给下属留下这样的记忆，发怒本身也要消耗能量。所以，上司如果真有重要信息要传达给下属，那么首先应该让下属处于心理安全状态，这样才能有效传达信息。

前额叶皮质中的 rlPFC 在本书中已经多次登场，这个大脑区域还担负着模式化学习的责任，其中包括抑制不恰当行动的模式化学习。如果这种大脑机能停止工作，我们就可能做出不恰当的行为。

"我为什么会说出那样的话呢？""我怎么会做出那样的事呢？"，相信很多朋友都有过类似的后悔经历。我请大家回想一下自己当初说那种话、做那种事时的情况。恐怕当时的您多半处于过度压力的状态下。人处于过度压力的状态下时，已不再是平时想象中的自己，而是 rlPFC 停止工作的自己。

腹内侧前额叶（vmPFC）掌管我们的感情控制机能。如果这个大脑区域停止工作，我们的感情就会失控。因此在过度压力的状态下，人非常容易感情用事。一提到感情失控，大家也许会想到人发怒的样子，其实并不仅限于发怒。感情的失控，和感动产生的原理还有重叠之处。

很多小说、电影，在感动读者、观众之前，都会先让他们沉浸在一种沉闷的状态中。在沉闷的状态下，读者、观众承受着一定的精神压力，然后再通过情节的转折，引导他们表露出积极的感情。

感情的表露和压力反应，本身并没有什么不好。但是，如果表露出来的感情和我们冷静时规划的感情不同，那就很麻烦了。所以，我们首先要客观地了解自己在过度压力下，头脑状态会变成什么样。然后，即使认识到自己压力过度的状态，也要想办法让自己在这种状态下产生心理安全感，这种能力非常重要。

那么，什么程度的压力才算过度压力呢？对什么事物会感到压力？压力媒介反应到什么程度？对此能感知到什么程度？又是如何反应、如何处理的呢？关于这些问题，没有统一答案，因为每个人都有不同的压力反应机制。也正因为如此，我们必须清楚地知道"自己在什么情况下会感到压力，多大程度的压力对自己算是过度压力"。这也是通过超认知来认识自己，让自己成长的重要一环。

和压力交朋友的提示 6

避免过度压力

人处于过度压力状态下时，扁桃体就会过分活跃，为让头脑学习眼前的危险状况，会最大限度地将各种资源集中于此。这时我们的头脑状态，就处于不做"自己想做的事情"的状态。而且，在过度压力状态下，头脑中负责高级机能的前额叶皮质的各种机能都会有所下降。这时，人容易做出与自己当初设想的不同的行为，还不容易发现错误，因此犯错概率增高。

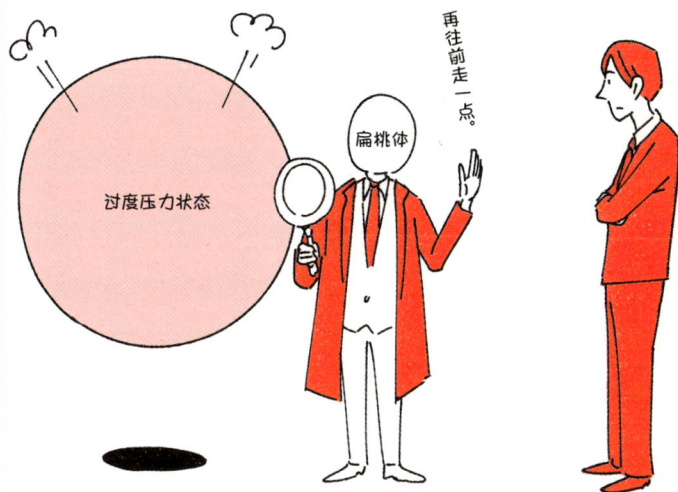

08

避免慢性精神压力

另一种需要避开的精神压力，叫作慢性精神压力。

慢性精神压力对我们的头脑非常不好。近年来，科学家研究发现，当我们的头脑处于皮质醇持续分泌的状态时，海马体就会受到影响，会让我们的神经细胞不断萎缩。

● 回想以前的压力，会使其变成慢性压力

什么是慢性精神压力呢？

上司对我们发火时，我们自然会产生压力反应。有的人在事后还会回想当时的紧张状态。回想以前的压力，人依然能感受到紧张，此时压力的来源就不是当初对我们发火的人了，而是我们自己。这时的压力来自我们内部的刺激。

更严重的情况是，在公司被上司责骂后，下班回家还带着一脸不开心的表情，妻子见到后责问一句："怎么摆一张臭脸？"结果又产生了新的精神压力。如果不能及时消减这些压力，带着压力上床，再想起白天受的委屈，翻来覆去睡不着，又形成了新的压力。如此反复回想以前的压力，同时又产生新的压力，人就会被慢性压力笼罩。在这种状态下，头脑内皮质醇的分泌量始终保持在较高的水平，这可不是健康的状态。

为了不让自己陷入慢性压力状态，就要启动前面讲过的"突

显网络"，对体内环境的变化进行探测，当发现"好像有点不对劲"的信号时，就该及时做出反应。

● 制造心理安全感的技巧

知道该避开哪些压力很重要，掌握制造心理安全感的技巧同样重要。

只有自己能发现自己的压力，也只有自己能管理自己的压力。因此，也只有自己能给自己制造心理安全感。**制造心理安全感的技巧，就是在感受到压力的时候，消解压力的技巧。**

去某个地方。

吃某种食物。

见某个人。

和某人聊天。

和某人拥抱。

怎么做能让自己平静下来？怎么做能让自己放松下来？希望大家认真去寻找这样的事物、人或场所，并珍惜这些能让自己减压的方法，还要把这些方法深刻地记在头脑中。人感受到压力，心理处于不安全状态时，唤起这些减压的记忆，也可以把我们从心理不安全的状态拉回到安全状态，从而做出正确的思考和行动。

不要等到压力过剩化、慢性化之后，再慌慌张张地去寻找对策，应该在平时就注意积累、存储让心理保持安全的信息和方法。

因为当人感受到过度的压力或慢性压力的时候，其实头脑已经没有余力去寻找治愈自己的方法了。那个时候，头脑已经被危险、消极的因素填满。

总而言之，我们应该在平时有意识地寻找、保存给自己制造心理安全感的方法和技巧，珍惜它们、记忆它们。平时有了充分的准备，我们在面临强大压力或慢性压力的时候，首先不会慌张，其次也有足够多的选择来应对压力、减轻压力，让自己的心理始终处于安全状态。

和压力交朋友的提示 7

避开慢性精神压力

　　遇到令人紧张的事情，当时肯定会产生压力，事后不让这个压力持续影响自己就没问题。但有些人事后也会反复回想当时的情景，让自己再次陷入压力之中。经常被这种压力状态困扰，对身心健康相当不利。慢性精神压力可以诱发神经细胞的萎缩，甚至使人患上抑郁症。为了不让精神压力慢性化，我们要学会让自己放松，给自己减压。

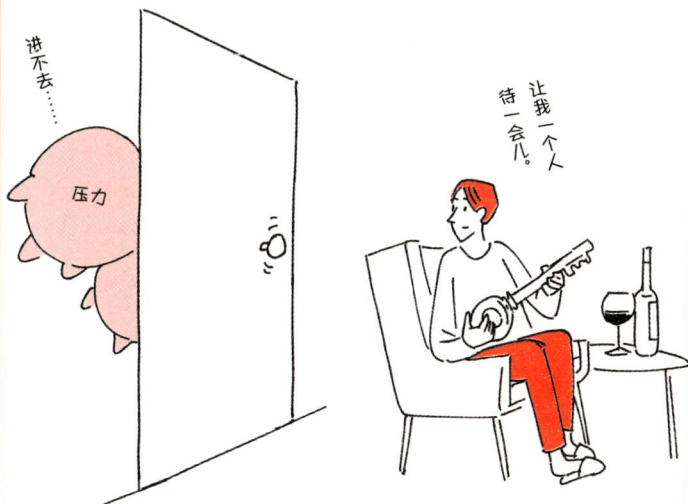

09

与精神压力正确相处的 15 个提示

到这里，我们一起学习了压力反应的原理、压力的作用、应该避开的压力。接下来，我将以精神压力的运转机制为基础，给大家总结与精神压力正确相处的提示。希望读者朋友在学习的同时，对照自己的状态，选择那些适合自己实际情况的提示，加以改进之后，应用到自己的日常生活中去。相信这对您的自我压力管理一定有所帮助。

（1）"感觉哪里不太对劲"，发现并重视头脑发出的信号

前面我曾反复强调过，要注意发现压力媒介。我的头脑、身体发生压力反应的状态，以及察觉到这种状态，是由不同大脑机能负责的事情。在理解这一原理的基础上，主动去发觉压力反应，是和压力正确相处的重中之重。

我们的头脑与平时状态不同的时候，就会发出报警信号——"感觉哪里不太对劲"。这个报警信号，是人类保证自己生存的基本机能。为了及时捕捉到压力媒介的声音，我们的大脑中有一个"突显网络（前扣带回和岛叶皮质）"在运转。这个网络负责的工作，第一步就是和自己内部的信息进行交流。

为了更容易捕捉到自身内部环境发出的信号，我们没有必要把精神压力作为唯一的关注对象。或者说，只检测精神压力，我们会非常辛苦。我们还应该关注日常生活中发生的积极事件和感情，哪怕是微小的喜悦之情。

"沐浴在晨光中，心情真好！"

"今天在便利店买东西时，店员态度很好，让我很开心。"

　　"路边的樱花都凋谢了，但是在为明年再开而蓄势。"

　　只要我们细心体会、善于发现，其实日常生活中充满了微小而快乐的事情。有意识地关注这些微小的事情，以及随之产生的感情，可以锻炼我们的洞察力。这样一来，微小的压力反应也不容易逃过我们的感觉。在压力过度化、慢性化之前，我们就可以采取对策，将其化解了。

　　要想和精神压力和谐相处，我们一定不能错过压力媒介发出的"感觉哪里不太对劲"的报警信号。我们不妨把压力媒介看作一封"情书"，是我们体内发生异常时，头脑给我们发出的一封"情书"。要想及时接收这封"情书"，我们就要在平时有意识地关注自身的内部环境，从关注积极感情开始。我们首先要不断扩大积极感情的"表面积"。

和压力正确相处的提示 **1**

"感觉哪里不太对劲",发现并重视头脑发出的信号

　　头脑感知到当前状态与平常不同的时候,就会向我们发出"感觉哪里不太对劲"的报警信号。我们不妨把压力媒介看作一封"情书",是我们体内发生异常时,头脑给我们发出的一封"情书"。要想及时接收这封"情书",我们就要在平时有意识地关注自身的内部环境,从关注积极感情开始。我们首先要不断扩大积极感情的"表面积"。

感觉哪里不太对劲,
难道这就是爱情吗?

大脑

（2）整理压力间接原因，做自己想做的事情

在日常生活中，在无意识之间，我们会感受到来自方方面面的不良精神压力，拉低我们工作、学习的效率和能力。**在和压力打交道的时候，我们要具备判断不良压力来自何处的能力，即整理压力间接原因的能力。**另一方面，我们在做自己想做的事情时，感受到的压力是良性压力，这样的压力可以提高我们的能力，所以我们要接受它，并想办法把它转化为力量。通过整理压力间接原因，我们可以对压力进行选择、取舍，接受良性的压力间接原因，避开不良的压力间接原因。

良性的压力间接原因，来自自己想要达成的目标、完成的任务、实现的愿望、获得的知识等。适度的压力反应可以提高我们的专注力和学习效率，所以我们应该接受良性的压力反应，甚至说欢迎良性压力。

我们设定明确的目标或目的时，就等于明确了良性的压力间接原因。良性的压力间接原因在头脑中的印象越深刻，我们的头脑就越不容易关注其他压力间接原因。但是，只要我们对良性的压力间接原因稍加忽视，头脑的注意力就会马上转移到其他压力间接原因或风险上去。

我们的头脑接收到各种各样的信息，可是实际上能处理的信息非常有限（千分之一左右）。在有限的处理能力下，我们的头脑还会无意识地处理一些我们不想处理的信息。但这种机制是有意义的，而且可能是从远古时代流传下来的能力。因为我们在无意识中也要应对、处理外界的危险。但是，在现代社会中，如果

头脑的这个机能反应过度，就可能让注意力无法集中在自己想要的良性压力上。也正因如此，我们才要学会整理当前自己想要的良性压力，以及无意识之间接受的其他压力，然后进行取舍和选择。

从古时候起就有一种说法——"遇到烦恼的事情，不妨把它写出来"。这种方法确实有用。很多烦恼，来自无意识间承受了一些混沌、模糊的压力，把烦恼写出来，可以帮我们看清这些压力，然后就可以进行选择、取舍了。

对我们的头脑来说，无法认清的含糊状态不断持续的时候，会让头脑感到极大的压力。如果压力间接原因可以确定，那多半不是什么大问题。只要问题确定，我们就可以想对策，实在不行，还可以请人帮忙。在这种情况下，我们可以通过中央执行网络调整注意力的方向。

如果这样还不能集中注意力，那就说明我们对眼前的工作、学习没有"兴趣"。这时，只是用去甲肾上腺素去处理眼前的信息，并没有启动多巴胺处理信息的功能。**有的时候，即使非常厌烦，也不得不完成眼前的工作，遇到这种情况的时候，我们需要找出做这项工作的意义。**学习也好，工作也罢，很多情况下，我们都是在为自己做事情，我们却经常忘记这一点。所以，我们必须想办法让自己意识到这一事实，让自己明白现在做的事情对自己有好处，让自己产生兴趣。这样可以促进多巴胺的分泌，提高专注力，提高自己的能力。

　　我们体内去甲肾上腺素分泌过剩的时候，会出现一个明显的标志，那就是注意力无法集中，更容易受周围事物的影响。当出现这种情况的时候，就要想办法让自己"喜欢"上眼前的工作。只有这样才能提高大脑机能，从而更快速地处理完眼前的工作。从结果上说，这样可以省出更多的时间，做自己真正喜欢的事情。

和压力正确相处的提示 2

整理压力间接原因，做自己想做的事情

　　要想和精神压力正确相处，首先应该判断自己承受的压力来自哪里，也就是对压力间接原因进行整理。对我们的头脑来说，无法认清的含糊状态不断持续的时候，会让头脑感到极大的压力。

　　当感觉自己无法集中注意力的时候，就要先找出压力间接原因，找到后把它们写出来。

（3）调整过高的预测值、期待值

我们要关注精神压力的"起点"。很多时候，我们无意识间设定的高预测值、期待值，就是压力的"起点"。

当现实与预测值、期待值出现较大消极落差的时候，就会引起压力反应。这种情况下，我们应该**自行调整过高的预测值、期待值。**

这样的调整，可以应用于各种各样的场景。我经营公司的时候，把工作分配给部下后，心里就会对他们的成果有所期待。当他们取得的成果符合我的预期时，我肯定很开心。但当他们的工作没有达到我的预期，我心里就不高兴，这种情绪会对我形成压力。但是，只要我事先调整一下对部下的期待值，就不会让现实和期待值之间产生太大的落差，自然也就不会产生多大的压力。比如，事前预想部下可能失败，做最坏的打算。这样不管结果怎样，我都会比较淡定。

有一点要注意，千万不能让部下产生误会。控制自己的期待值与不表现出期待，是两回事。

"我对你没什么期待。"

"反正你也做不成功，能做到什么程度，就做到什么程度吧！"

这样说的话，只会挫伤部下的积极性，给他们的工作带来负面影响。

当现实与预测值、期待值之间出现消极落差的时候，我们不要把原因归结到对方身上，而应该在自己身上找原因。部下的工作没有达到目标，我作为指挥者，负有责任。也可能是由于我没有调整好期待值，才让部下无法实现过高的目标。有的时候，指挥者会在头脑中一厢情愿地想象："他应该能做到那个程度。"但又不把这个期待明确地告诉部下。那部下在现实中的表现，很有可能与上司头脑中的想象产生消极落差。

当然，对部下有所期待，期盼他们的能力进一步提升，并不是坏事。但是，当部下没有达到自己的期望时，上司不能把全部责任都推到部下身上，也应该反思自己调整期待值的能力，以及和部下进行沟通的能力。因为在这两方面，上司很可能还有提升的空间。

对自己的期待值、预测值也是同样的道理。

"我必须得做到×××！"

"我坚信我能成功！"

有这样的想法是好事，人有较高的目标才有上进的动力。但有的时候，高远的目标也会成为压在我们胸口的大石头，让我们难以呼吸。因此，**我们需要具备根据难易度和完成度来调整目标的能力，这也是保证我们和精神压力正确相处的重要武器。**

如果目标过于高远，即使在过程中偶尔取得小小的成功，我们也容易忽略它们，而把注意力更多地放在失败和不足的地方。有目标是好事，但在朝着目标努力的过程中，我们要学会关注自己取得的小小成功和成长，不要只盯着失败和不足。

当然，不管成功还是失败，都有值得我们学习的地方，都能给我们以后的成长提供养分。但是，在朝着目标努力的过程中，我建议大家优先关注成功的地方。不管遇到什么样的情况，只要胸怀大志，并乐观积极地向前看，即使过程中不断失败，也能从中学到经验、吸取教训，也能获得成长。

和压力正确相处的提示 **3**

调整过高的预测值、期待值

当现实与预测值、期待值之间出现较大消极落差的时候，就会产生压力反应。根据难易度和完成度来调整目标的能力，也是保证我们和精神压力正确相处的重要武器。

　　然后从整体上俯瞰自己的成长，让头脑学习成长的经验。这样一来，就将朝着高远目标努力过程中感受到的压力变成了学习动力，从而提高了继续努力的动力。

（4）放下无意识成见

还记得图 17 吗？本章开头我用它给大家出过一个测试题。请您再看这幅图（见第 125 页图 17）三秒钟，除了彩色类圆形的数量之外，您还注意到什么？

可能有些朋友已经发现了，图中男子每只手都有 6 根手指。

在我们的头脑中，无意识地认为人手有 5 根手指。因为我们平时见到的人手都有 5 根手指，通过反复学习，我们记住了这个事实，已经把它当作了一种认知。这就是所谓的"认知成见"。

在某些情况下，认知成见可能会引起我们的压力反应。在我们的认知成见中，认为人类每只手有 5 根手指，因此在现实中看见有 6 根手指的手时，肯定会产生一定的压力反应。当然，这种刺激造成的压力不会太大。但是，如果遇到的刺激和我们经过多年反复学习形成的价值观有较大落差的时候，就会引起较大的压力反应，比如，不快、愤怒等感情。

在我们的价值观中，就潜藏着无意识成见，如果我们能够客观了解自己的无意识成见，就可以事先预测到可能产生的压力（当现实和自己的价值观出现落差时），从而防止压力反应过度。

无意识成见容易潜藏在两种情况中。

第一种，前面已经讲了，就是价值观。价值观是我们重视的、珍惜的思维方式、生活方式、人生观等。当现实与我们的价值观出现落差时，我们的头脑就容易产生压力反应。很少有人可以客观地把握、整理自己的价值观；当现实和价值观产生偏差时，也很少有人能够通过超认知认识当前的自我。正因为如此，我们才要多和自己交流，多反思自我，争取客观了解自己的思维方式、生活方式、感知方式、人生观，这样才能减少无意识成见与现实之间产生的落差，也就能最大限度地减少压力的产生。

价值观与人的成长环境、经历存在很大关系。每个人的成长环境、经历都不同，因此价值观也不可能相同。但是，只根据自己的标准来判断善恶、对错，是人类头脑的特性。为避免这种情况的发生，就需要我们尽量客观地了解自己的价值观。承认、接受价值观的多样性，可以使自己保持适度的压力反应，也可以让自己的心理持续处于安全状态。不仅如此，认识到每个人都有不同的思维方式，还能让我们学习别人的思维方式、感知方式、生活方式等。

"我是这样想的，但还有那样的方式。"善于这样多角度处理信息，就可以在无意识间将精神压力转化为成长的机会。

第二种是主观断定。当我们对事物做出主观断定的时候，预测值和期待值就被固定了。但是，世间的事物在大多数情况下都和我们的预测、期待有所不同。当这个落差较大的时候，就会给自己造成压力。当然，我并不是说主观断定一定是不好的。**但主观断定是我们产生压力的原因之一，是不争的事实，我们必须学会控制自己的主观断定。**

很多人容易陷入"应该"的陷阱，这是一个主观断定的典型案例。当您发现自己经常说"应该……做""应该是……"的时候，就要小心了，最好反思一下，自己的头脑是否被认知成见"入侵"了。

"当然是这样""通常情况下应该是这样的""按概率来说应该是这样的"……

类似这样的话，也大多和无意识成见有关联。

概率，说到底只是数字，而数字肯定会存在偏差。正因为有偏差，才符合实际，才更真实。统计学中有平均数的概念，现实中却不存在"平均人"。因此，我们不能把统计学和现实混为一谈。

"电视里这么说……"这样说话的人，已经在无意识间认为电视里的观点都是正确的，所以肯定会出现无意识成见。

"从科学的角度讲……"就连从事科学工作的我，都不会这样讲话，因为"科学"是在不断变化的，而且日新月异。很可能昨天大家认为正确的理论、观点，今天就被推翻了。要说"科学等于真实"，这是毫无根据的判断。人类更是如此，世界上的每个人都在不同的环境中出生、成长。地球上没有两个人的 DNA 是完全一样的。所有的一切，都谈不上完美。

不管怎么说，我们有必要认识到自己在无意识间处理信息时的固有思维方式，也就是成见，并在认识自己的无意识成见的基础上，做好接纳各种观点的包容性心理准备。这样才能减少不必要的精神压力，也会给我们的学习增添新的要素。

和压力正确相处的提示 4

放下无意识成见

我们要认识到自己价值观中潜藏的无意识成见,这样就可以事先察觉现实与想象的落差,就可以最大限度地减少精神压力的产生。为了了解自己的价值观,我们要学会面对自己,反思自己的思维方式、感知方式、生活方式、人生观等。另外,主观断定会将我们的期待、预测固定化,所以我们要控制好自己的主观断定。

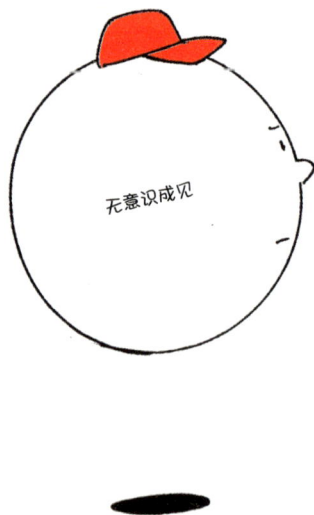

无意识成见

今天你也在我的掌控之中。

（5）站在更高的角度俯视，将精神压力矮小化

我们头脑中的海马体负责保存情节记忆，与海马体相连的扁桃体，则负责保存感情记忆。虽然已经讲过多次，但在这里，还是希望大家和我一起来回忆人类记忆的流程。当我们经历一件事情的时候，海马体会把事件的情节记忆下来，而随之产生的感情则会记忆在扁桃体中。而且，我们常说海马体处于扁桃体的上游。这是为什么呢？因为一般来说，我们不是先回忆起感情再想起当时的情节，而是先回忆起当时的情节，然后才会唤醒当时的感情。因此说海马体处于扁桃体的上游，二者的关系大家一定要牢记。

我们的头脑容易反复想起以前不愉快的经历或消极的体验。为什么会这样呢？这是生存的需要，为了让生命安全地延续下去，需要反复学习以前不愉快的经历和消极体验，以找出对策，避免再次发生类似的事情。

但是，同一件事情在头脑内反复出现，神经细胞之间相互连接的部位就会变得非常牢固，这样会进一步滋生消极的感情，还会将消极感情放大。如果经历了一件毫无波澜的事件，没有激起强烈的感情反应，事后也不会反复想起它，渐渐地我们就会把它淡忘掉。但是，如果经历的事件非常震撼，甚至动摇了我们的感情，我们就容易将情节和感情保存在头脑中，日后还会反复回想起来。

容易反复回想同一件事的人，容易陷入其中。对一个消极的经历反复产生反应，人肯定容易陷入其中不可自拔，甚至忽略其他事情。回想和别人发生的不愉快经历，不仅会唤起自己的消极感情，还会连带激发出自己和那个人发生的其他不愉快回忆，有的时候甚至还会幻想出根本不存在的事情，从而对那个人的印象

进入下降螺旋，心想"那家伙真不怎么样！"经过反复多次回想那个人的不好之处，会让那个人在自己心中的地位越来越牢固，让其身影越来越庞大。这个结果是不是很讽刺呢？自己讨厌的人，越去想他，就越讨厌，而且越来越难以摆脱。

陷入这种状态的人，很难察觉到自己当前的状态。因为他们承受着很大的压力，前额叶皮质的机能难以正常运行，也很难保证通常情况下的心理安全状态，更不用说在心理安全状态下的正常思考了。

当陷入"自己的世界"时，一定要想办法把自己从那个世界里拉出来。我推荐的方法是让自己游离出来，站在更高的视角俯视自己。

我在美国的时候去看过一位精神科医生，他拿黑笔在白板上点了几个黑点，然后对我说："请把你自己看作白板上的黑点，然后看着那个黑点。"我就那样盯着一个黑点看，结果神奇的事情发生了，看着看着我就感觉自己的烦恼、消极情绪就像米粒那么小，进而我感觉它们根本不值一提。把自己讨厌的人留在头脑中，还反复想起他们，简直蠢透了。

为了让自己的烦恼看起来很渺小，也可以和不如自己的人进行比较。例如，日本当前是一个比较和平、发达的国家，老百姓在衣食住行方面都没有太多的困扰。可是放眼世界，有一些国家的人民生活还很艰苦，他们随时可能被战乱夺去生命，也可能因饥饿、缺医少药而丧命。相比之下，在日本生活已经相当幸福了。如果因为被上司批评了、被人嘲笑了，就感觉压力巨大，甚至产生寻短见的想法，那和战乱国家的人民相比，是不是有无病呻吟的嫌疑呢？看到他们的悲惨生活，我们应该感谢自己所拥有的一切，相比之下，我们的烦恼根本不值一提。我们要把注意力的焦点，从消极事物转移到积极事物上来。

我绝不是鼓动大家和别人进行比较，只是把这种比较作为个人压力管理的一环，通过比较，客观看待自己的压力，将压力矮小化，以便让自己从压力中挣脱出来。

必须注意的一点是，在压力已经过度的阶段，我们就难以发动"俯视压力并将其矮小化"的操作了。因为人在压力过度的状态下，俯视压力的大脑机能难以正常运行。所以，当我们感知到压力的时候，就要对压力进行俯视和矮小化，不要让压力发展到过度的阶段。经过反复锻炼，将"俯视、矮小化压力"变成一种习惯。成为习惯之后，这种方法就会深刻地烙印在头脑中，此时，即使陷入压力过度的状态，也有可能发挥"俯视、矮小化压力"的能力。

作为日常的俯视压力训练，我建议大家每天在心中感恩一分钟——"今天，我又活了一天！感恩。"这样的尝试，在数千年前人们就已经以宗教的形式在做了，当时还无法用科学的观点来说明其有用性。能够真心感谢老天让自己又多活了一天的人，绝不会因一点点刺激就出现压力过剩的反应。

不过，拥有这种思维方式的头脑，不是一朝一夕就能培养出来的。只有每天真心感恩的人，才会在头脑中建立起这样的思维模式。背后的科学依据，可以用大脑的强化学习原理和安慰剂效果来解释。

"你终将被你相信的东西拯救"，就是这个道理。

和压力正确相处的提示 5

俯视压力并将其矮小化

我们的头脑容易反复回想不愉快的经历或消极的体验。当消极的螺旋加速后，我们就难以自拔了。通过俯视压力，将自己的烦恼、压力矮小化，可以有效化解压力，阻止压力继续发展。具体方法是，可以游离出来，从高处俯视自己，也可以和别人进行比较，感谢自己所拥有的一切。

（6）将消极感情转换为积极感情

在我们人类的头脑中，消极感情可以转换为积极感情，反之，积极感情也可以转换为消极感情。这背后隐藏着感情转换的原理。科学家以前就曾通过老鼠实验，证明消极感情和积极感情之间的相互转换。近些年来，科学家们更是从细胞、分子的层面对这种现象进行了证明。

前一小节中讲过，越是讨厌的经历，我们越容易回想起来，不断地回想会使那段讨厌的记忆深刻地烙印在头脑中。

根据"Use it or lose it（用进废退）"的原理，如果我们不能持续关注自己的头脑状态和记忆，那么相应的神经回路就会朝着"lose（退化）"的方向发展。但是，强烈、深刻的记忆不容易退化，即使我们不去主动关注它们，头脑也会无意识地关注它们。消极的感情就是如此，头脑会不自觉地回想起来，让原本讨厌的感情变得更讨厌。所以，消极感情有自我升级的倾向。

因此，我们要学会感情转换的技巧。要将保存消极感情记忆的扁桃体和保存相应消极情节记忆的海马体之间的连线，稍微改动一下（rewiring，重新连线）。

遇到令人讨厌的事情，我们头脑中的海马体，负责保存情节记忆，随之而生的感情记忆则保存在扁桃体中。日后，当我们无意识地激活海马体中保存的那段情节记忆时，相应的不愉快的感情记忆也会被从扁桃体中唤醒。只要这个物理性的通信线路存在，我们就只有两个办法对付它，要么不用它，让它慢慢退化，要么改变线路，后者要容易一些。

那么，如果改变线路呢？关键在于，当我们想起消极的情节时，要同时唤起积极的感情记忆。

当海马体保存的消极情节记忆被唤醒时，扁桃体保存的相应的消极感情记忆也会发生反应。但是，**当回想起消极的情节时，我们可以主动地、有意识地促进积极感情的表露，从而将消极的情节记忆与积极的感情记忆连上线。**

我举个现实中的例子，大家就更好理解了。

假设您的部下遇到了烦心事，整个人都无精打采的。作为体贴的上司，您想帮部下排解一下心中的烦恼，于是邀请他晚上一起喝酒。晚上一起喝酒时，您的出发点是帮部下缓解抑郁心情，所以完全不让部下谈起、想起那件烦心事。在这种情况下，只要部下遇到的事不是特别严重，他在喝酒时回想起来的可能性就不大。所以，这样的聚会可以减小消极记忆在部下头脑中保存的概率。

但是，如果部下遇到的事很严重，那么单单陪他喝一次酒，恐怕达不到疏解压力的效果。即使在喝酒的时候，没让部下回想起那件事，但只要酒会一散，部下还是会想起那件事，无法从根本上解决问题。

最坏的情况是，在酒会上让部下遇到的烦心事成了话题，部下抱怨的时候，您还跟着煽风点火。这样一来，那件烦心事在部下头脑中就会留下更加深刻的记忆。对部下的牢骚、苦水表示同情，并和部下一起讨伐，确实可以让部下对您产生同伴意识，并产生面对困难的勇气。但是，那烦心事和烦闷的心情，在部下头脑中依然是消极的，而且更加顽固了。没有解决方案，只是消极地附和、批判，或一味愚蠢地共情，结果不仅不能帮部下缓解压力，还会使自己感染上消极的感情。

另一方面，对于部下的牢骚、苦水，我建议上司耐心倾听。即使给不出具体的解决方案，至少可以让部下感觉到上司是站在自己这一边的，让部下产生安心感。然后，上司再时不时对部下说几句加油打气的话，这样做可以为消极感情向积极感情转换做好铺垫。

我们遇到烦恼的时候，如果能向自己信任的人倾吐心声，即使得不到具体的行动建议，倾诉之后心情也会爽快很多。相信很多朋友都有过类似的体验。这种倾诉与倾听，就有转换感情的作用。虽然我们诉说的都是消极的感情，但眼前倾听的人在诱发我们的积极感情，这会让我们觉得遇到的问题也没什么大不了的。

当然，要想将像心理创伤、心理阴影这种非常强的消极感情记忆转换成积极感情，是很困难的。但是，在心理治疗中，也有类似于感情转换的治疗方法。强烈的心理创伤，是患者一个人难以应对的。所以，需要在心理治疗师等专业人士的帮助下，走出困境。

转换感情的目的，并不单单是为了将消极的压力清零。掌握了转换感情的技巧，就可以为自身的成长提速。或者说，成长本身就是养成一种转换感情的习惯。遇到不愉快的事情时，人都会产生消极感情，但能有意识地引导出自己的积极感情，才是真正的成熟。

前面已经讲过，要培养出坚韧之心，需要有意识地回味成功过程中承受的痛苦经历。在这个过程中，我强调了"同时性"，即在反思痛苦经历的同时，还要想起成功的喜悦。其实，这个"同时性"背后隐藏的就是转换感情的原理。

松下幸之助先生的话充满了启示。

"失败的时候停下脚步，就真的失败了。要一直坚持到成功，才是真正的成功。"

"坦诚地认识失败的原因，并把失败当作'非常好的体验、难得的经验教训'。有这种胸襟的人，才能进步，才能成长。"

失败肯定会给我们带来消极的感情，但在这种情况下还能认为失败是"非常好的体验、难得的经验教训"，这正是感情的转换。能做到这一点的人，肯定具有灵活、包容的认知能力，也肯定能获得高于常人的成长。

和压力正确相处的提示 6

将消极感情转换为积极感情

　　我们的消极感情，是可以转换为积极感情的。为了实现这样的转换，当产生或回忆起消极感情的时候，我们要有意识地唤起自己内心积极的感情。在帮别人进行感情转换的时候，不要一味消极地批判、发牢骚，应该站在支持对方的角度，给他带来安心感，同时用鼓励的话语给他勇气。

（7）重视违和感和纠结状态

我们的头脑中负责记忆的部位除了海马体、扁桃体之外，还有位于前额叶皮质底部中间位置的腹内侧前额叶（vmPFC）。腹内侧前额叶掌管价值记忆。我们人类通过反复实施各种各样的行动，积累成功与失败的经验，并借此建立起自己的价值观。以后在进行善恶判断、最佳决策选择的时候，就可以根据自己的价值观瞬间做出判断。也就是说，负责将想做的事情与过去的记忆关联起来的大脑区域，就是腹内侧前额叶。我们的头脑随时监视着"自己想做的事情"和"自己重视的事情"是否匹配，"自己想做的事情"和"以前做过的事情"是否一致。一旦发现不匹配、不一致，前扣带回（ACC）就会被激活，从而诱发违和感。察觉违和感、验证违和感，是我们控制精神压力的重要一环。

大家要注意的是，违和感是一种非语言性的反应，也就是说，是一种"感觉哪里不太对劲"的状态。**在状况发展到语言能够描述之前，头脑就会把当前状况跟数据库中的信息进行对比，由此发出"感觉哪里不太对劲"的信号**。这就是根据经验进行判断的感知能力，也就是所谓的直觉。

在商务工作中，像"感觉哪里不太对劲"这种含糊的反应，是不会受到重视的，甚至会被上司责骂——"不要说这种含糊的话！"但是，轻视这种直觉是很可惜的。

在我的公司里，如果员工感觉哪里不太对劲，我一定会非常重视。这可能是员工对一些问题无意识的反应，只是现在还无法用语言清晰地表达出来。如果错过这种直觉的预示，小问题可能发展成大问题，也可能错过新的机遇。

在不重视违和感的社会中，大多数人对违和感持否定态度。只要稍微改变对违和感的态度，我们就能获得飞快的成长。我们可以把违和感理解为无法用语言表达的信息。我们的头脑除了语言之外，还会处理很多无法用语言描述的信息。而且，这些用语言无法描述的信息会给我们带来很大的影响。

违和感传递的信息有可能非常重要，但很多人轻视违和感，可能错过了很多重要信息。违和感是难以用语言描述的，但我们努力寻找违和感的源头，并尝试用语言描述这个源头，这样做很可能给我们带来全新的发现。表面看起来，违和感只会导致压力反应，让我们承受压力，但如果深入挖掘违和感背后的原因，有可能打开一扇通向成长和新发现的大门。而且，掌握了挖掘违和感背后原因的习惯，也能让我们在日常生活中少一些含糊、混沌的感觉，多一些清晰和从容。

前扣带回还有一项重要作用，当头脑处于纠结状态时，也会用到它。所谓纠结状态，是指比如"这也不对，那也不对"的状态，或者"感情是这样的，头脑却跟不上"的状态。其实，**纠结状态是一种重要的信息处理机制。因为头脑处于纠结状态时，就会将纠结状态和随后行动产生的结果关联起来进行学习。**因此，我们不要轻易中止自己的纠结状态。

我们的头脑有一套合乎逻辑的学习模式。对于自己不感兴趣的事物，是不会主动去学习的，因为那是白白地浪费能量。

"这也不对，那也不对""好像是这个，又好像是那个"……

之所以会产生这样的纠结状态，是因为我们对眼前的事物有兴趣。对于毫无兴趣的事物，我们也不会纠结。换言之，纠结的对象正是我们感兴趣的对象，头脑会对它特别关注，因此会翻来覆去地考量。结果，这个事物更容易在头脑中留下深刻记忆。随后，在纠结的基础上采取的行动，不管成功还是失败，都会给我们留下深刻的记忆，也成为我们成长的重要原料。

所以，我们应该接受、欢迎自己的纠结状态。还是那句话，我们要站在更高的地方，俯视自己的纠结状态，心中明白："纠结过后，将迎来快速的成长。"只要能做到这一点，我们就能把精神压力转化成前进的力量。

对于纠结状态，过度保护将剥夺我们的学习机会和成长机会。我们看到一个人正处于烦恼、纠结的状态时，如果立即告诉他解决的办法，或帮他处理问题，表面上看起来我们是出于好心，乐于助人，实际上，这样做剥夺了那个人开动脑筋寻找解决办法的机会，久而久之会使对方养成依赖性，遇到问题就找人帮忙，失去独立思考能力。想一想，我们是在帮他还是在害他。所以，当看到自己的孩子或公司的部下、后辈遇到问题，陷入纠结状态的时候，不要急于出手相助，先让他们自己想办法解决。当他们实在没有办法的时候，再适时地给出适当的建议。

遇到处于纠结状态的人，既不要放手不管，也不能马上出手相助，要保持适度的距离。我们可以在适当的时机，给对方提供一些选择，或给出一些提示，而且要注意方式和方法。总之，必须要给对方留有自己思考、自己决定、自己行动的机会。而且，我们不能只拘泥于最终的结果。其实，苦闷、纠结的过程也极具价值，只要懂得反思，就可以让它成为自己成长的动力。

和压力正确相处的提示 7

重视违和感和纠结状态

　　违和感，是头脑根据以前积累的信息，对当前形势做出的非语言性判断——"感觉哪里不太对劲"。如果不重视这样的信号，我们可能错失重要信息。另外，我们在纠结状态下做出的行动，不管结果是成功还是失败，都会在头脑中形成强烈的记忆，因此也是我们重要的学习机会。我们应该站在更高的地方，俯视违和感和纠结状态，把由此产生的精神压力转化为成长的动力。

（8）接受迷糊的感觉

在第一章中，我们讲过神经细胞是通过突触连接的，现在我们再来回顾一下有关突触连接的问题。以前额叶皮质为例，在这部分大脑区域中，神经细胞的突触数量的最大值，是在人两岁的时候。从两岁开始，那些不会用到的突触，就会逐渐被淘汰，退化。我们的头脑不会保留那些用不上的线路，因为保留它们，还要消耗能量，对我们来说得不偿失。

有一种行为，可以让头脑保留更多的突触，还能增强它们之间的联系，这种行为就是学习。孩子头脑中的突触数量多，所以他们学习知识的速度快、效率高。可是，成年之后，很多不用的突触就会退化，不过，退化掉的突触也可以重新形成，但需要特定经验的刺激，还需要消耗很多能量，这个过程叫作"依靠经验形成突触连接"。

实际上，我们的头脑有一套非常完善的适应系统。出生后不久，头脑中的突触数量一下子达到最大值，直到 15 岁，依然保有较多的突触数量。到这个年纪还没有用到的突触，可能以后也不会用到了，于是我们就选择淘汰它们。这就好像是人脑内的一场自然选择，具有很高的生物合理性。

成年之后，是不是感觉学习知识比小时候更费时费力了呢？原因就是我们头脑中的突触数量减少了。学一项新知识的时候，您是否感觉到头脑总是迷迷糊糊的，学过就忘，似乎很难让知识留在记忆中？这种迷迷糊糊的感觉会让我们产生莫名的压力，甚至开始怀疑"我可能不适合学习这个"，然后开始转移兴趣，"可能我应该学点别的"。结果，学什么都没常性，最后一无所获。

　　因为学习时出现迷迷糊糊的状态，就怀疑自己、改变学习方向，是很划不来的，不仅浪费精力，还浪费时间。其实，我们成年人学习新知识时，出现迷迷糊糊的状态是很正常的。或者说，**感觉到迷迷糊糊，是自己正在学习的证据**。我们头脑内不经常使用的那些神经细胞，其物理构造不够成熟，对能量的利用率也比较低。如果不断使用这些神经细胞，神经细胞中叫作髓鞘的结构就会变粗，提高电信号的传输效率。另外，神经细胞受体会聚集到突触部位，提高接收化学信号的效率。总体而言，学习的时候，头脑中的神经细胞会在细胞、分子层面产生各种变化。不过，要产生构造上的这些变化，肯定是需要消耗能量的。所以，学习一项新知识，就好像开始了一项新工程，要投入很多"人力"和"物力"。

　　理解了我们头脑的这种构造和运转机制后，希望您能改变对迷糊状态的看法。认识到迷糊状态是学习新知识的正常状态和必经过程，就可以减少由此带来的精神压力。这个时候，我们可以激活头脑中的突显网络，首先意识到自己的迷糊状态。与违和感、纠结状态一样，迷糊状态也是我们成长的证据，要接受、善待自己的这种状态。不要为此产生压力，应该把这种压力转化为前进的动力。

和压力正确相处的提示 8

接受迷糊的状态

学习新知识的时候，人容易产生迷迷糊糊的感觉，如果因为这种状态而产生压力，甚至怀疑自己"不适合学这个"，那就划不来了。实际上，头脑迷迷糊糊的感觉，正是我们在学习的证据。与违和感、纠结状态一样，我们也要接受这种迷迷糊糊的状态。有这种感觉，说明自己正在学习，正在成长。

迷迷糊糊

（9）用心去拥抱心爱的人

用心去拥抱心爱的人，我们体内会分泌一种叫作催产素（oxy-tocin, OXT）的荷尔蒙。催产素有"爱情荷尔蒙""信任荷尔蒙"的美称，可以帮我们缓解精神压力。

只要心中有爱存在，催产素的分泌量就会增加。一想到心爱的人，就会产生一种安心的感觉，实际上就是催产素的作用。所以，心中有爱、有心爱之人，也是控制精神压力的重要一环。

用爱来缓解压力，要点在于把注意力集中在爱上。我如果承受着巨大的压力，而造成压力的原因又随时出现在脑海中，那即使拥抱着自己的爱人，爱人也感受不到我的爱意。看似我在拥抱爱人，但此时我体内分泌的都是压力荷尔蒙，催产素根本无法分泌。所以，把注意力集中于自己内心的感情、感觉上，是和精神压力和谐相处的前提条件。

请用心去拥抱您的爱人、亲人、孩子，让对方感受到您的爱意。同时这拥抱也是为了您自己。每天拥抱自己所爱之人，反复体会拥抱时自己内心的爱意，可以说是与压力打交道的最好办法。

和压力正确相处的提示 9

用心去拥抱

充满爱意的拥抱，可以促进体内催产素的分泌，能够帮我们有效缓解压力。专注于自己内心的感情、感觉，反复体会拥抱时内心的爱意。

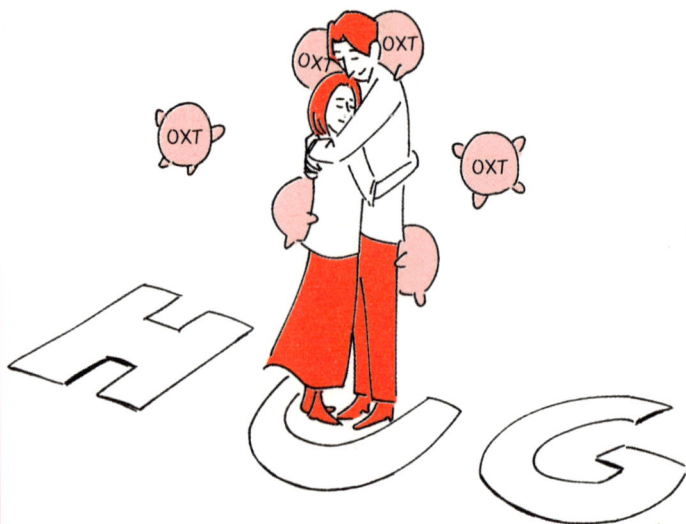

（10）有意识地关注积极的方面

我们人类的头脑有一个特性——更容易把注意力放在犯错或可疑等负面的地方，还有专门的术语来表达这种现象，叫作"消极偏差"。很多人都喜欢打听家长里短，电视里也常见负面新闻，背后的原因就是我们的头脑倾向于注意消极信息的特性。

在我们的头脑中，负责探知错误的区域是前扣带回，在讲违和感和纠结状态时，介绍过前扣带回的功能。其实，前扣带回担负着促进我们成长、提高生存概率的重要任务。不过，它也有探知错误等负面信息的作用。所以，我们应该有意识地控制自己，让自己多关注积极的方面。

现实中，我们的注意力不容易聚焦在积极的方面。假设有10个任务，我们完成了其中8个，此时，我们更容易关注没有完成的那两个任务，而不太会在意已经完成的8个任务。我们的头脑关注没完成的两个任务，反思没有成功的原因，周围的人也会批评我们没有全部完成任务。这样的经历，会让我们越来越优先关注消极方面。当然，关注消极方面很重要，我们可以从中总结经验教训，寻找改善方案。但请不要忘记，成功的部分，同样有值得我们学习的地方！

只关注失败部分的人，时间一长，就会形成一种消极的思维方式，甚至不再相信自己能够成功，最终产生强烈的自卑情绪。

为防止这种情况发生，我们应该在认识到自身不足的前提下，有意识地多关注积极、成功的部分。在努力的过程中，认识到"自己原来做不到的事情，现在也能做成了"，从而增强自我肯定感。即使现在还做不好，以后也一定能做好。这样，我们才能自信从容地投入学习和工作。

当然，我们要在日常行为和决定的成功与失败中积累经验教训。同时，还要训练自己的头脑主动地表露积极感情。让自己学会即使不用深入思考，也能自然而然地流露出积极感情。

看见晴朗的天空、美丽的白云、路边盛开的樱花、孩子的点滴成长、咖啡馆店员的微笑、与擦肩而过的路人的一句善意寒暄、喝一杯美味的咖啡、洗一个温暖的澡……在各种各样的场景中，我们都应该有意识地表露出积极的感情。

但是，如果身体、头脑、内心没有注意到这些积极信息，就难以引导自己表露出积极的感情。所以，我们要拥有一双善于发现的眼睛，同时也要学会停下来面对自己内心的感情，把积极的感情激发出来、表露出来。

我们要将有限的人生用于无休止地发现错误，还是用来感受积极的感情？ 这全靠自己的选择，只要稍微改变一下视角，也许围绕我们的世界就会变得完全不同。

和压力正确相处的提示 10

有意识地关注积极的方面

倾向于关注错误和消极方面是人脑的特性。如果您无意间感受到了积极的感情萌动，请停下来 3 秒钟，认真面对自己的内心，好好地关注、玩味内心的积极感情。

（11）在不确定中持续探索

在第一章中讲过，rlPFC 属于大脑最前端前额叶皮质的一部分，这一部分大脑区域具有"因不确定性激发的探索机能"。

原本，我们人类的头脑并不善于应对不确定的事物和含糊的事物。这样的事物会给我们带来不安感，因此头脑会极力回避它们。其实，这也是提高我们生存概率的重要机能。

在远古时期，人类的生存条件非常恶劣，因此逃避不确定的、含糊的事物的能力非常重要。但是在现代社会，这种能力就不像以前那么有用了。甚至可以说，逃避反应太强烈，还会妨碍我们对新事物发起挑战的欲望，因为新事物肯定充满了不确定性和模糊性。

我们人类之所以能够进化到现在的水平，就是借助了 rlPFC 的"因不确定性激发的探索机能"。这种机能让我们敢于面对不确定性，还能勇往直前。即使事先进行了充分的风险评估，做了缜密的准备，但在挑战新事物的时候，肯定还会遇到各种意想不到的未知情况。在面对如此的不确定性时，还有人敢于向新事物发起挑战，是我们人类不断进步的重要原因。但也有很多人的回避反应过于强烈，不敢发起挑战，只能裹足不前。这两种类型的人，到底有什么差异呢？

答案是明确的。这两种人使用 rlPFC 的机能不同。这里又涉及 "Use it or lose it" 的原则。从解剖的角度看，rlPFC 位于前额叶皮质的最前端，它的机能属于头脑中的高端机能，是在后天通过不断学习和使用才能培养出来的。当我们面对含糊不清的、抽象的事物，以及不确定的对象时，都会产生回避的情绪，但只有克服回避情绪，并主动去挑战，才能锻炼 rlPFC 的"因不确定性激发的探索机能"。

　　一提到挑战，可能大家都觉得是件不得了的大事，心中自然产生抵触或抗拒情绪，但其实并非如此。只有当事人心中觉得是挑战，那才是挑战，周围人怎么想并不重要，不要受周围人的影响。

　　学习新知识的时候，面对的都是我们以前不知道的知识，所以肯定是个挑战。在开始学习之后，我们有可能发现更多未知的领域，以及自己无法学会的内容，从而产生不安感，甚至就此放弃。

　　在面对这种现实的时候，rlPFC 的"因不确定性激发的探索机能"让我们继续向前，即使碰壁，也要继续向前，直到最后取得成功。在这个过程中，我们的头脑就学习到了"挑战的价值"，也就将挑战的艰难与成功的喜悦连接在了一起（Neurons that fire together wire together）。

　　rlPFC 不仅具有"因不确定性激发的探索机能"，还负责"范畴学习"。所谓"范畴学习"，就是将什么样的记忆，以什么模式烙印在头脑中。**通过自己的挑战获得成功，这个经历让头脑学习到挑战的价值**。对这个记忆进行模式化学习，还能进一步加强"因不确定性激发的探索机能"。

　　因此，我们平时不要轻易放过挑战，因为挑战可以锻炼 rlPFC 的功能。而且，只有这样的锻炼，才能培养出不惧挑战、把压力转化成动力的头脑。

　　在学习、工作中挑战新内容，是最锻炼头脑的，但在日常生活中，读一本新书、去一家新餐馆就餐，都算是一种挑战，对头脑也有锻炼的效果。总而言之，就是要敢于迈入自己未知的、不确定的、模糊不清的世界，正视自己的逃避心理，在此基础上发起挑战，就能锻炼 rlPFC 的"因不确定性激发的探索机能"。

人们一般情况下都喜欢确定的、积极的因素。但是，在不确定的状况下。也可能存在很多有趣的事情。我们要学会这样的思维方式，并敢于去挑战不确定的状况。从这个过程中学习到成功的体验，是将压力转化为动力的重要前提。

诚然，不确定的状况容易诱发人类的精神压力。正因为如此，我们更应该在接受，甚至是享受压力的同时，和压力打交道，这样才能让压力成为我们的朋友。

和压力正确相处的提示 11

在不确定中持续探索

　　虽然我们都不喜欢不确定的状态，但头脑有直面不确定性，并不断探索、前进的机能。我们要勇于挑战不确定性，把注意力聚焦在成功和成长上，让头脑学习到挑战的价值。反复如此锻炼后，我们就可以把不确定性带来的压力转化为前进的力量。

（12）不要吝啬您的笑

当我们陷入压力状态时，我们的头脑就会自动想办法，让自己恢复到原有状态。这就是前面讲过的生态恒常性。在恢复过程中起决定性作用的是β-内啡肽。β-内啡肽可以缓解我们的过度压力。

β-内啡肽还有一个名字叫"脑内吗啡"，是大脑可以自动合成的物质。β-内啡肽可以让我们对疼痛的感觉变得迟钝。我在第一章讲过，对于疼痛感头脑有生态恒常性的作用，这个作用同样适用于精神压力。

当我们感受到疼痛的时候，大脑会自动合成β-内啡肽，但同时，β-内啡肽也是人体内最强的快乐物质之一。当人笑的时候，也容易合成β-内啡肽。都说爱笑的人运气不会太差，爱笑不仅可以给我们带来好运，还能帮我们消除过度的精神压力。说出来您可能不信，发自内心的欢笑，确实可以让大脑大量分泌β-内啡肽，从而给我们的头脑、身体、心灵注入强大的能量。

笑的效果，还不仅限于通过分泌β-内啡肽来缓解压力，当我们"哈哈哈"地大笑出声时，是以吐气为主的，而这个动作可以激发副交感神经的运作，让我们进入休息模式。

冷静地思考一下就会发现，我们承受的那些不必要的压力，都是我们不想去关注的事情，只是在无意识间关注了它们，从而产生了压力。要是把宝贵的人生时间都用在无意识地关注那些不必要的事情上，真是太不值得了。让自己注意那些有趣的事情，就可以让我们忽视那些压力间接原因。忘却那些不值一提的压力间接原因，也可以防止陷入慢性精神压力的泥沼。

美国知名新闻工作者诺曼·库辛斯，曾写过一本名为《笑与治愈力》（松田铳译，岩波书店）的书。科金斯在 50 岁的时候，患上了一种胶原病。用他自己的话说，"我就像被卡车撞了一样，全身上下都痛"。为了转移自己对病痛的注意力，他整天看喜剧片。结果发现，当他因为片子中的搞笑情节而大笑之后，身体的疼痛竟然暂时减轻了。现在科学界已经了解了β-内啡肽的作用，但在当时那个年代，人们对β-内啡肽的了解还非常有限。医生听了科金斯的描述之后，向他投来了怀疑的目光。可是，科金斯继续坚持他的大笑疗法，最后竟然靠大笑治愈了自己的胶原病。要知道，胶原病在当时可是一种治愈率非常低的疾病。可见，笑对人体的免疫系统存在积极作用。

笑，可以让我们变得更强大，能让我们更加从容地应对精神压力。一定要让笑声充满自己的人生。不仅看喜剧可以让我们发笑，生活中能让我们发笑的场景实在太多了，您一定要多多发现好笑的事物，把自己的笑点降低，让自己成为一个爱笑的人。

和压力正确相处的提示 12

不要吝啬您的笑

笑，可以促进大脑β-内啡肽的分泌，从而消除不必要的精神压力。另外，笑还可以让我们体内的副交感神经处于优先地位，从而使身体得到放松、休息。笑的时候，我们的注意力集中在有趣的事情上，就可以忽略不必要的压力间接原因。

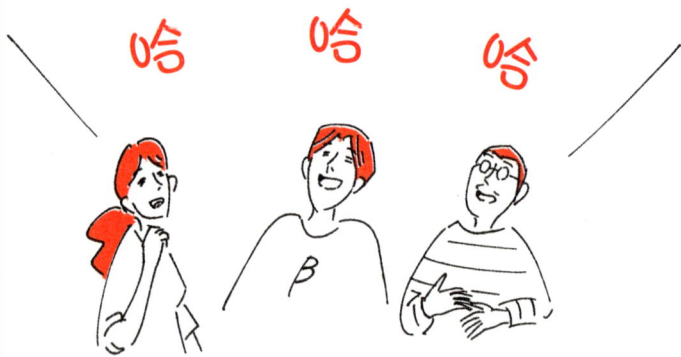

（13）投身于自己喜欢的事情

有兴趣爱好，也可以促进一个人的成长。所谓兴趣爱好，就是自己喜欢的事物或喜欢做的事情。在从事兴趣爱好的时候，人可以好几个小时全身心投入其中。有科学家曾说："人的注意力最长只能集中 15 分钟。"但是，我们人类并不是对所有事物都只有 15 分钟的专注力。读小说、看漫画、看电影、玩电子游戏……做自己喜欢的事情时，我们常常停不下来，甚至忘记了时间。相信大家都有过类似的经历吧！想一下那些玩游戏成瘾的人，他们甚至可以一整天都埋头于游戏，称得上"废寝忘食"。由此可见，**在合适的对象上，人类的注意力可以集中若干小时。**

我们首先要弄清楚，高度专注是怎样一种状态。

当我们因为喜欢而做某件事情的时候，内心肯定是快乐的，这时头脑中分泌的化学物质是β-内啡肽。前面讲过，β-内啡肽是一种快乐物质，但它对侧坐核（NAcc）的活动有抑制作用。前面讲过，腹侧被盖区（VTA）释放多巴胺，而侧坐核会抑制腹侧被盖区的活动，可是β-内啡肽又能抑制侧坐核的活动。也就是说，当分泌β-内啡肽的时候，我们的头脑就处于容易释放多巴胺的状态。多巴胺直接影响我们的注意力。做一件事感受到的快乐，将引导我们长期做这件事情。

全身心投入的感觉，对于发挥我们的潜能和提高学习效率，具有积极重要的作用。当然，如果投入过头，容易"上瘾"，使人难以自拔。为了防止这种情况的发生，我们需要训练自己的头脑，让我们能够控制自己的状态。学习就学得彻底，玩耍就玩得尽兴。这样的状态，对学习和玩耍都有积极的作用。

当人全身心投入自己喜欢的事情时，注意力被这件事吸引，头脑根本没有余力去关注压力间接原因。也就是说，HPA 轴处于不活跃的状态，也就不容易产生压力反应。头脑的特性，决定了我们无法同时关注多个对象。很好地利用这一特性，可以帮我们合理地管理精神压力。

在工作或学习的间隙，听一曲自己喜欢的歌，可以有效地调整头脑环境，有可能将头脑的能力最大化。做自己喜欢的事情，不仅可以缓解精神压力，还有提高自身能力的积极作用。所以，自己的兴奋状态，需要自己去创造。

"努力学习，然后痛快玩耍。"

这句话的隐藏含义往往是"痛快玩耍是努力学习之后获得的报酬"。这种说法对头脑无疑有激励作用，但如果反过来说，"痛快玩耍，然后努力学习"，其实同样有效，只不过激发的头脑运转机制不同而已。痛快玩耍的时候，头脑的注意力全在玩耍上，就不会让精神压力有可乘之机。而且，享受玩耍的快乐时，头脑还会合成β-内啡肽。在这种状态下投入学习，β-内啡肽刺激多巴胺的分泌，从而使我们的注意力高度集中，学习效率自然能得到提高，这就是所谓的"破冰"效果。

"努力学习，然后痛快玩耍"是一个不错的选择，但"痛快玩耍，然后努力学习"也许是一个更好的选择。

和压力正确相处的提示 13

投身于自己喜欢的事情

　　基本上来说，我们人类的注意力可以集中数小时。当人全身心投入自己喜欢的事情时，注意力被这件事吸引，头脑根本没有余力去关注压力间接原因，也就不容易出现压力反应。

（14）诱导血清素的分泌

除了β-内啡肽之外，还有一种大脑化学物质，有助于帮助头脑建立生态恒常性状态，那便是血清素。在大部分情况下，血清素是根据头脑和身体的反应自动合成、分泌的，但我们也可以有意识地诱导血清素的分泌。在第一章中，我曾提到过血清素可以帮助我们进行压力管理，接下来我将详细讲解一下。

第一，血清素会对单调节奏性运动产生反应，并开始分泌。烦躁的时候，很多人会不停地抖腿，或者用手指连续敲击桌面。这种单调节奏性运动就是身体在不经意间刺激血清素的分泌，以抑制压力反应。

从这个角度来看，当您发现自己或别人不停地抖腿、用手指连续敲击桌面，或做出其他单调节奏性运动时，就可以判断自己或别人"正在对精神压力产生适应性反应"。另外，也有可能是有意识地做出这种单调节奏性运动，以缓解自己的压力。

听着自己喜欢的音乐，跟着音乐的节奏打拍子，也是一种单调节奏性运动。人类的所有文明、种族都有音乐和舞蹈，就是因为人类在 DNA 层面存在对精神压力的适应性反应。

嚼口香糖，也是一种单调节奏性运动，也可以缓解压力。从远古时代开始，人类就承受着各种精神压力。为了适应、缓解这些压力，人类在长期的进化过程中，学会了单调节奏性运动。

在一个面对企业经营者的演讲会上，我曾听到演讲者说过这样一番话：

"如果您在工作中感到压力，请在下班回家的路上买 3 棵卷心菜。"

　　为什么要买 3 棵卷心菜呢？演讲者的意思是，让人回家把 3 棵卷心菜切成细丝。切卷心菜就是一种单调节奏性运动，通过切菜缓解压力，让自己平静下来。其实，切菜就是刺激血清素分泌的好办法。

　　我还听说，有知名企业老板会通过洗碗让自己平静下来。洗碗也是单调节奏性运动。通过洗碗，在无意识间让自己的精神集中起来，诱导血清素的分泌。当然，如果讨厌洗碗，一边洗，一边抱怨："为什么非得让我洗碗？"那样的话，脑神经回路就会被不满占用，分泌血清素的大脑部位反而会降低活力。不满只能导致压力的积累。

　　单调节奏性运动，可以让人注意力集中，如果您在生活中发现这样的动作，而且又不排斥这种动作，就可以把它当作武器，来诱导血清素的分泌，缓解压力给我们带来的伤害。世界上有不少宗教仪式都是伴随着单调节奏性运动，嘴里念念有词。这样的仪式确实有让人平静的作用，而其背后的原理，就是单调节奏性运动可以促进血清素的分泌。

　　但是，要达到平静内心的效果有一个前提，那就是必须相信自己的行为，并能借此集中精神。"你终将被你相信的东西拯救"，这句话也许道出了真理。

　　不仅单调节奏性运动可以诱导血清素的分泌，晒太阳也有同样的效果。其实，从大的方面说，晒太阳也是符合单调节奏性的行为。

在我们人类的昼夜节律（circadian rhythm）[1]里，一天并不是24 小时，晒太阳有助于帮我们调节昼夜节律。

早晨，我们体内更容易合成血清素，所以早晨的太阳对我们非常重要。有研究显示，即使晒不到早晨的太阳，只要照射3000 勒克斯（lux，光照度单位）以上的光量，也可以促进血清素的合成。但是，3000 勒克斯以上的人工光源非常少。所以，我们应该感谢太阳每天无偿为我们提供的光照，并好好利用它，调整自己的头脑状态。

早晨享受足够的日光，让体内大量合成血清素，对我们夜晚的深度睡眠也有重要意义。因为到了晚上，血清素的分子结构就会发生改变，转化成引导睡眠的褪黑激素。如果早晨的日光浴不充分，合成的血清素不够，晚上睡眠所需的褪黑激素也就不够。因此，作为生物，我们要按照大自然的规律来生活，善用大自然的恩赐，把自己头脑、身体的状态调整到最佳。调整好一天的生物钟，可以说是发挥头脑最大能力的最低条件。

1．昼夜节律（circadian rhythm）：人类的昼夜节律约为 25 小时。太阳光等"同调因子"可以帮我们把每天的昼夜节律调整为 24 小时。这样，我们才能按照自然日夜的更替，过规律的生活。

和压力正确相处的提示 14

诱导血清素的分泌

　　血清素可以调整我们头脑的状态。单调节奏性运动，可以让人集中注意力。如果您在生活中发现这样的动作，而且又不排斥这种动作，就可以把它当作武器，来诱导血清素的分泌，缓解压力给我们带来的伤害。另外，早晨的日光浴也有助于血清素的大量合成。

（15）让副交感神经处于优先地位

下一页的图 23，是我们体内自律神经的线路图。自律神经从大脑和延髓出发，遍布全身。自律神经分为交感神经和副交感神经两个相互抵消、相互调节的神经系统。

交感神经为我们提供能量，提高我们的能力。因此，也被称为"Fight or Flight（战斗或逃跑）"神经系统。交感神经可以让我们瞬间进入临战状态，因此非常重要。当我们想集中精神做某件事情的时候，就需要交感神经发挥作用。但是，如果交感神经过度作用，就会诱发过剩的精神压力，很可能引发思考和行动的障碍。

另一方面，副交感神经为我们蓄积能量，为我们发挥自身能力做准备工作。因此，也被称为"Rest or Digest（休息或消化）"神经系统。

如果把交感神经比喻为 ON 的神经系统，那么副交感神经就是 OFF 的神经系统。只有 OFF 的神经系统蓄积了足够的能量，ON 的神经系统才能正常运转。

大家都想充分发挥出自身的能力，因此很多人只盯着发挥能力的交感神经不放。但实际上，要想真正发挥出自身的能力，不仅要重视交感神经，还要关注副交感神经。如果二者失去平衡，那么自律神经就会失调，从而根本谈不上发挥能力。只有掌握让 ON 和 OFF 保持平衡的技巧，才能成功地管理精神压力，才能充分发挥出自身的能力，才能加速自己的成长。

因此，我们有必要了解让副交感神经处于优先地位的方法。然后，根据需要有意识地引导出副交感神经的优先地位。说交感

图 23　自律神经

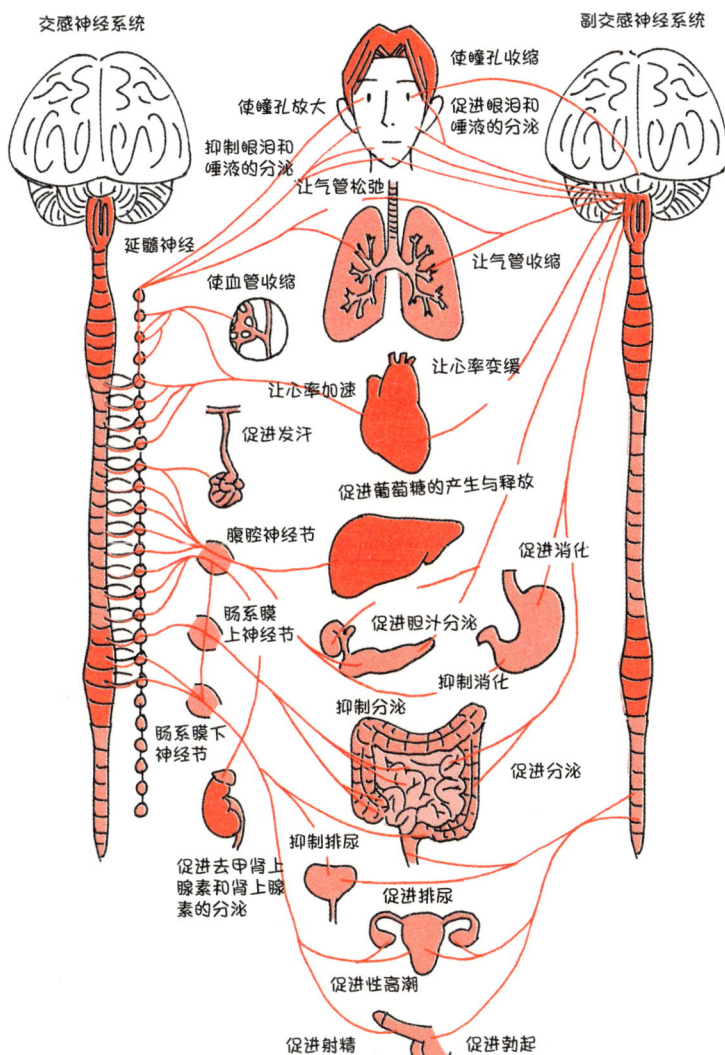

根据 Low, P.（2017）《自律神经系统概要》《MSD 诊疗手册家庭版》制作。

神经和副交感神经是相互抵消的，是因为它们分别从不同的渠道，作用于全身的各个内脏器官和血管。

在我们紧张的时候，想要发挥能力的时候，心脏会加速跳动。这就是交感神经在发挥作用。心率较快，让血液更快地流向全身，借此将葡萄糖等营养成分输送到全身，使身体充满能量。因此，心脏怦怦跳的状态，并不是坏的征兆，而是全身进入战备状态的证明。

您可能听说过，有人一紧张就想上厕所。但去了厕所之后，也许一滴尿也尿不出来。这也是一种适应性反应。当交感神经全力工作的时候，膀胱会扩张，使排尿变得困难。因为在 Fight or Flight 状态下，可不是排泄的时候。但是，当交感神经高度紧张的时候，身体就会自动启动副交感神经。副交感神经可以促进排尿，让人感觉到尿意。这就是想排尿又尿不出来的状态。说到底这只是一个例子，目的是帮您理解交感神经与副交感神经相互抵消、相互调节的关系。

下面，我们再从解剖学（自律神经与各个内脏器官之间的线路）的角度，来分析一下副交感神经是如何发挥作用的。以下内容您不必强求自己全部理解、记忆，只需找出其中适合自己的，并能应用于日常生活的就足够了。

我们瞳孔的缩放，是由自律神经控制的。"好刺眼！"当强烈的光线进入我们眼睛的时候，容易激发副交感神经发挥作用。朝霞或夕阳那种柔和的光，会让我们感觉舒适、平静，就是副交感神经在发挥作用。

唾液的分泌也与副交感神经有关，嚼口香糖、吃棒棒糖有助于刺激唾液的分泌，从而使副交感神经启动。前面也讲过，嚼口香糖属于单调节奏性运动，可以促进血清素的分泌。在面试或演讲前，感到紧张的时候，交感神经处于优势地位，人常会感觉嘴里发干，唾液分泌不足。我们可以把唾液看作提示自身状态的标志物。遇到前面那种口干舌燥的情况，我们就得想些办法让自己平静下来。

要想促进唾液分泌，吃东西是个有效的办法。不知您是否听过"精神压力过大会导致肥胖"的说法？人陷入慢性压力状态后，即使不想吃东西，也会不自觉地拿起食物吃。这也是身体的一种适应性反应。因为人陷入慢性压力状态后，交感神经异常活跃，为了抵消交感神经的作用，身体就会自动启动副交感神经。而当人消化食物的时候，副交感神经很活跃，为了激活副交感神经，头脑就会"命令"人开始吃东西。

从这个角度看，我们可以把吃饭时间当作调节压力的时间。但是，如果吃饭的时候，想的、聊的还是工作中的烦恼、生活上的琐事，那么交感神经就无法切换为副交感神经。所以，吃饭的时候，不要去想跟压力有关的事情，好好地放松，让自己切换到 OFF 模式，这样才能为 ON 模式做好最充分的准备。

眼泪的分泌，也由副交感神经控制。当人想哭的时候，说明心中积累了过度的压力，此时交感神经占主导地位。这个时候，如果哭出来，就是由副交感神经控制泪腺分泌的眼泪。眼泪的成分中有压力荷尔蒙——皮质醇，流眼泪会把皮质醇排出体外。大哭一场之后，就会感觉心情爽快多了，其实就是把皮质醇排出体外的效果。

所以，想哭的时候不要忍着，应该尽情哭出来。当然也有一些场合不适合流泪，不得不忍住泪水。但离开这个场合之后，还是要通过哭泣发泄出来比较好，不要让压力一直埋藏在心里，这是我们适应环境的一种方法。

深呼吸，也是激活副交感神经、缓解压力的有效方法。不过，通过深呼吸减压时，有一点需要注意，那就是吐气一定要长。具体做法是，轻轻吸一口气，然后长长地呼气，想象着把肺部的空气全部呼出，但也不要让自己产生窒息的感觉。当人吸气的时候，交感神经占主导地位，呼气的时候就激活了副交感神经。有些朋友可能有这样的体验，在暴怒或过度紧张的时候，会感觉呼气困难，好像自己只会吸气似的。比如，在面试前的紧张时刻，我们常会感觉自己在不停地吸气，而不会呼气。但是，当完成某项紧张的任务后，我们又会情不自禁地长呼一口气。这就是我们的身体通过呼气这个动作，让副交感神经来替代交感神经的优势地位。

您可以尝试着让自己的肺部和腹部充满空气，然后再集中精神，缓慢地将空气全部呼出。用这种深呼吸法，可以有效地管理自己的精神压力。当您感到过度紧张的时候，可以尝试一下，只需几十秒钟就能见效。熟练掌握这种深呼吸方法后，您就可以在ON 和 OFF 模式之间进行自由切换，从而提高自己的能力。

和压力正确相处的提示 15

让副交感神经处于优先地位

　　副交感神经可以让我们蓄积能量，为发挥能力做好准备。晒日光浴、嚼口香糖、吃东西、哭泣、深呼吸等方法，都可以让副交感神经处于优先地位，是我们管理精神压力的有效方法。

压力管理

太阳

10 为了更好地和精神压力打交道

前面我给大家讲解了精神压力产生的原理，以及和精神压力打交道的方法，最后我们再来从整体上做一个总结。

为了让我们更好地生存下去，精神压力在无意识间产生，并发挥着积极作用。但是，任何系统都不是完美的，压力也有过度的时候。虽然如此，我们也不能给精神压力贴上"恶"的标签。

所谓"恶"的压力，只是那些看不清、说不明、影响人情绪的压力。希望大家理解这一点。

也希望大家认识到，产生精神压力的机制，是我们头脑中一种重要的机制。这种机制和我们是共存共荣的关系，我们要学会和精神压力友好相处，发挥它的积极作用，减少它的危害。

精神压力原本的作用是提高我们的学习效率、工作生产性和专注力。它可以加速我们的成长，让我们生活得更加丰富多彩。也可以说，适度的精神压力能够给我们勇气和力量。要想生存在这个世界上，精神压力是我们必不可少的武器。

但是，非意图的精神压力、过度的精神压力和慢性精神压力，必须引起我们的高度注意。我们要学会避免、阻断、疏解负面压力，并将它们转化为我们前进的动力。

第三章

创造力

CREATIVITY

原来每个人都说自己压力好大

神经科学领域的创造力

神经科学，是从细胞、分子层面研究人脑的科学。那么，站在神经科学的角度，是怎么看待创造力的呢？另外，到目前为止，神经科学对创造力已经研究到了什么程度？

在这一章中，我们一起来研究以下几个问题：创造力是如何定义的？我们又该如何理解创造力？发挥创造力的大前提是什么？在什么情况下，创造力难以发挥出来？

本章的主题就是用神经科学对创造力进行深入的剖析。

原本，神经科学研究的是微观世界，而且过于专业。但在本章中，我不会讲太过专业的神经科学知识，只是把微观世界中的

图 24 神经科学领域关于创造力的论文数量

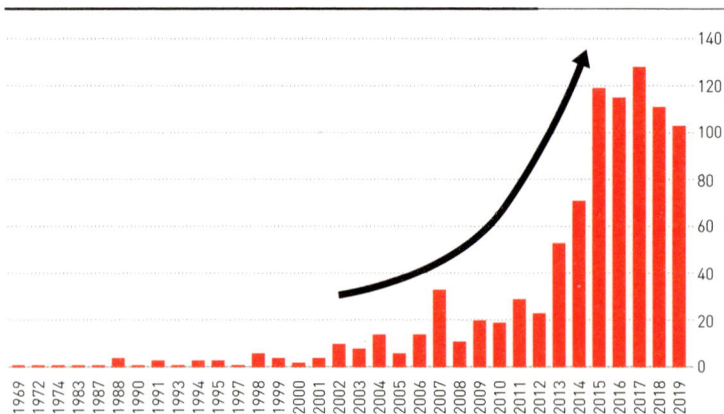

本图表根据 National Center for Biotechnology Information Search database 的 PubMed 中 "Neuroscience Creativity" 的论文检索数量制作而成。

一些重要观点给大家抽出来，然后结合宏观的视角，教大家总体上把握创造力，并教会大家在发挥创造力时的一些注意事项。

● 在神经科学领域，"创造力"也是个热门话题

在神经科学的世界中，对创造力的研究到什么程度了呢？我们以时间为轴，来简单回顾一下这方面的研究成果。

从上一页的图24中我们可以看出，神经科学领域有关创造力的论文数量，是从2010年之后开始急剧上升的。

在神经科学领域，创造力其实是一个比较难的研究对象。但近些年来，关于创造力的研究取得了长足进步，科学家解开了该领域的不少谜题。因此，越来越多的科学家投入到这方面的研究中来。

可尽管如此，神经科学领域关于创造力的论文，每年也就发表100篇左右，总量还是比较少的。举例来说，第一章我们讲的是动力，关于动力的论文数量就是创造力的9~10倍。不过，虽然研究创造力的科学家总数还不算多，但近几年的增长速度还是比较快的，从论文的增长趋势也可以看出这一点。可以说，在如今的神经科学领域，创造力也是一个热门话题。

用神经科学来研究人类创造力，有一个发展历程。

从2010年到2012年前后，神经科学主要从宏观角度来研究创造力。但这里所说的宏观，也仅指"神经科学的宏观角度"。即头脑的哪个部位负责哪种机能，从解剖学的角度分析、研究大脑不同部位的不同机能。相对来说，"神经科学的微观角度"是指

从细胞、分子的角度进行解读。

但是，这种宏观和微观角度还不能将创造力解释清楚。从这两个视角来研究人类创造力，还无法触及创造力的本质。因为人类创造力真的是一个非常复杂的研究对象。

要从单个大脑部位的机能入手来研究创造力，我觉得无法从本质上解读创造力的原理和运转机制。只有将各个部位的大脑机能和随之产生的现象联系起来，作为一个系统，从整体上研究人脑系统与创造力的关系，才能将创造力解释清楚。

这里又要涉及大脑的三种模式，在前面的章节中我提及过，这里再次为大家介绍一下。

第一种是"默认模式网络"。当我们处于发呆或其他无意识状态时，就是默认模式网络的工作状态。头脑的这种模式，还与记忆有着深刻的联系。第二种是"中央执行网络"。当人有意识地注意某个对象或主动思考的时候，会开启中央执行网络模式。而负责在上述两种模式之间进行自由切换的模式，叫作"突显网络"。近年来，科学家对突显网络非常关注。

人脑是在以上三种模式之间进行切换的同时，发挥创造力的。如果不能透彻理解这三种头脑模式，就无从理解创造力。可以说，**如今已经进入透过上述三种头脑模式来理解创造力的时代。**

本章将从神经科学的宏观角度，分析各个大脑区域的机能，然后再从将各个大脑机能联系起来的三种模式入手，来说明人类创造力的秘密。

● 神经科学的"宏观"与"微观"

要想用神经科学的视角，来研究人类创造力，首先要理解神经科学的"宏观"与"微观"。

在神经科学领域，所谓的宏观，是指人脑各个解剖学部位的机能与作用。比如，前额叶皮质的各个部位都有哪些作用，枕叶的各个部位有哪些功能，海马体和扁桃体分别有什么作用，大脑新皮质被划分为50多个功能区域，每个区域又有哪些功能……

另一方面，所谓微观，是指从细胞层面把握人脑的各种功能。比如，构成宏观大脑区域的神经细胞、胶质细胞，在头脑运转的时候，会发生什么变化。另外，比细胞更微观一层的是分子，解读分子层面的变化，也是微观世界的研究课题。

近年来，科学家在从宏观、微观两个角度来研究人脑的各种机能时，发现它们不是单一运作的，而是以网络的形式联合运作的。我们的感情、行为、创造力，都是头脑网络联动的结果。

● 利用"时间轴"来把握大脑机能，也很重要

在研究大脑机能时，另一个重要观点是"时间轴"。

以前，科学家在分析人脑数据的时候都是以"时间点"为基础的。但是，人脑在运转的时候，会随着时间的变化而变化。所以，以固定"时间点"无法正确分析人脑机能。

　　时间是一条连续的线性轴。科学家能够按照时间轴来研究人脑，还要得益于人脑可视化技术的进步。随着科学技术的发展，出现了可以将头脑运转状态实时可视化的设备，借此，科学家们才能根据时间轴的变化，把握人在发挥创造力时头脑所表现出来的机能变化、系统变化。

　　另外，从超认知的角度来看，时间轴也是一个非常重要的参考值。虽说捕捉瞬间的创造力、创造力的瞬间变化很重要，但是，**根据变化产生的反应，以及对该反应的记忆，会随着时间的变化而变化，而且会对创造力产生极大的影响。**

　　关于记忆，前面已经为大家介绍过，记忆并不是单纯的抽象概念，它可以用头脑中神经细胞的物理变化进行说明。现在，我将用全新的视角，再次为您解释记忆。这次，我要使用"记忆痕迹模型"来进行讲解。这个模型在神经科学领域很常用。

　　图25左侧的小方块，代表拥有各种记忆的神经细胞群。小方块颜色的深浅，表示记忆状态的强弱。颜色浅表示记忆固定程度低，颜色深则表示记忆固定程度高。记忆固定程度高的话，这部分神经细胞的髓鞘、受体就会发生物理构造的改变，成为高效传递信息、能量的神经细胞群。灵活运用这些神经细胞群，是发挥复杂且分散的创造力必不可少的条件。这些小方块颜色的深浅，会随着使用程度的变化而变化，并将对创造力的发挥产生很大影响。

　　像这样从解剖学的角度，将头脑的各个部位、各个部位的机能，以及它们之间形成的系统进行研究，可以称为3D维度的研究。如果再加入时间轴，就变成了4D维度的研究，而从4D维度研究创造力非常重要。

图 **25**　神经科学研究创造力的视角

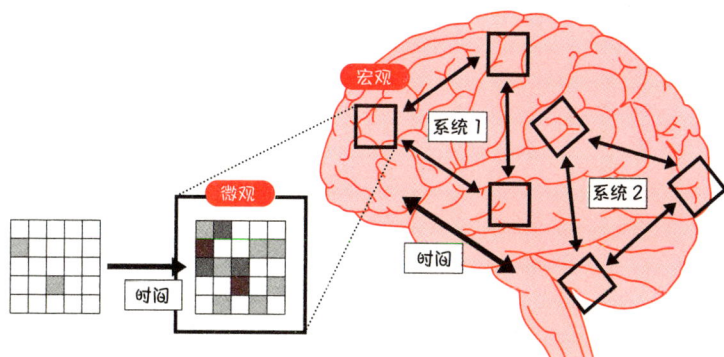

　　但是，从 4D 维度研究创造力，并不是一件简单的事。

　　即使从 3D 维度观察头脑的活动状态，也不是只看哪个部位活跃就够了，还要看哪个部位不活跃、哪个部位的机能受到了抑制。再看 4D 维度，也不是在 3D 基础上加一个时间轴那么简单，不仅要把时间点变成线，还要根据时间的变化，分析记忆痕迹，即小方块颜色深浅的变化。

● 创造力与若干种大脑机能存在复杂关联

　　图 26 是根据 2016 年神经科学家发表的有关创造力的论文绘制的。研究人员让一位钢琴家用不同的方式演奏钢琴，观察他的头脑状态有什么不同。

图 26

A 按照乐谱弹奏

B 将感情表现出来

A 方式，让钢琴家按照乐谱弹奏，也就是让钢琴家把意识集中到钢琴的键盘上。B 方式，让钢琴家在弹奏钢琴的时候，主要把意识集中到"喜怒哀乐"等感情的表达上。结果发现，虽然同是弹钢琴的行为，但因意识注意的方向不同，结果头脑的使用方式也大不一样。

同一位钢琴家弹同一架钢琴，按照乐谱正常弹奏，与带有创造性、发挥性地弹奏，二者使用的大脑区域是不同的。那么，在发挥创造性的时候，会使用哪些大脑区域呢？又是怎么使用的呢？

图 27 同样来自前面那篇论文，从左到右依次为 2 秒、4 秒、6 秒、8 秒时头脑的使用情况。这是科学家沿着时间轴的变化来

研究人脑在处理创造性信息的时候哪些大脑区域最活跃。

在第一章讲动力的时候，我讲过科学家已经解明与动力相关的多种大脑系统，比如报酬系统。但是，在研究创造力的时候，科学家们发现，发挥创造力时所使用的大脑区域会随着时间的变化而改变，而且，各个大脑区域之间会发生非常复杂的关联。

因为这样的复杂性，目前科学家还没有办法抽象地总结创造力，暂时认为它是一种先天性的能力。能够多次、偶然使用复杂大脑机能的人，就有可能掌握较高的创造力，并可以发挥这种创造力。

但是，表面上看起来完全相同的行为，也会因为行为人在行

图 27　沿时间轴变化的大脑的各个活动区域

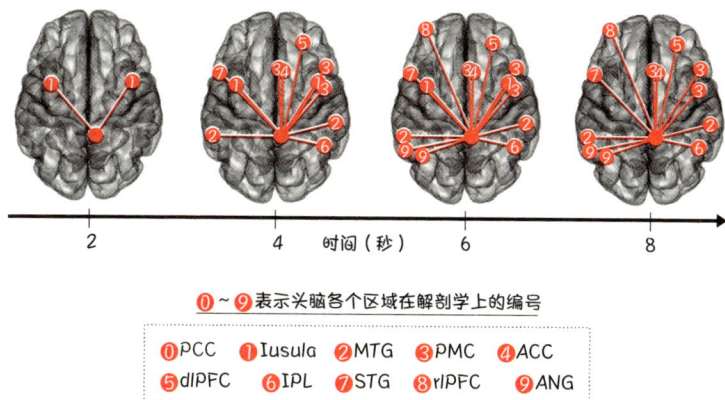

① ～ ⑨ 表示头脑各个区域在解剖学上的编号

⓪ PCC　❶ Iusula　❷ MTG　❸ PMC　❹ ACC
❺ dlPFC　❻ IPL　❼ STG　❽ rlPFC　❾ ANG

根据 Beaty, R. E., Benedek, M., Silvia, P. J., & Schacter, D. L. (2016). Creative Cognition and Brain Network Dynamics. *Trends in Cognitive Science*. 20(2), 87-95. 绘制而成。有下划线的部分为作者追加。

为过程中发挥了创造力，而使用完全不同的大脑机能。偶然捕捉到的灵感是"发挥创造力"的必然因素。不过，如果能够了解带来创造力灵感的头脑运作机制，我们就可以有意识地提高自己的创造力，提高发挥创造力的概率。

提高创造力的提示 1

理解创造力是一个复杂的体系

我们的头脑确实有创造的机能。但是，创造力是头脑中复杂体系相互关联、协作的结果。提高创造力比提高其他能力要花费更多的时间、消耗更多的能量，而且，提升的程度还不容易察觉到。不管怎样，我们首先应该理解大脑变化的存在，有意识地促进大脑各种系统的变化（成长），并通过努力实践来提高自己的创造力。

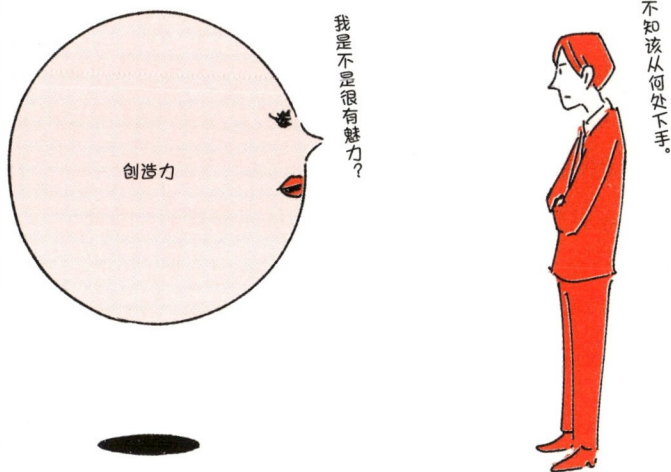

创造力

我是不是很有魅力？

不知该从何处下手。

人脑与人工智能的比较

　　要想把创造力的原理理解透彻，我们必须首先弄清头脑处理信息的原理。

　　近些年来，人们喜欢把人脑和人工智能进行比较。在此，我从信息处理的角度出发，为大家简单地讲解一下二者各自的性质。

　　首先，请大家想象一下图书馆中的书架和书桌。从书架和书桌的关系来看，书架好比电脑的硬盘（HDD）[1]，而书桌就像电脑的运行内存（RAM）[2]。读者从书架上选书，然后将书拿到书桌上阅读。书桌越宽大，能放下的书就越多，也就是能临时存储的信息量越大。在这个过程中，进行各种处理的就是电脑的中央处理器（CPU）[3]。从这个角度来看，人脑和电脑确实有很多相似之处。

　　人脑中相当于电脑硬盘的部分，是神经细胞中保存的记忆。将其中的部分记忆激活，并将其短期保存在头脑中的工作是由"工作记忆（WM）"来完成的。工作记忆就相当于电脑的运行内存。

　　如果突然有人给我们说一串毫无规律的数字，比如，"3、4、5、4、2、1"，短时间内我们是可以记住的。但一小时之后，恐怕我们就记不清全部了。这种短期记忆就叫作工作记忆。我们能

　　1．硬盘（HDD）：硬盘驱动器，简称硬盘。在电脑中负责存储信息，相当于信息的仓库。

　　2．运行内存（RAM）：全称为随机存取存储器，简称运行内存。临时存储信息的装置。电脑关闭电源后，运行内存中存储的信息就会消失。

　　3．中央处理器（CPU）：电脑中负责读取存储装置中的程序指令，并执行指令的核心部件。

图 28　人脑与电脑

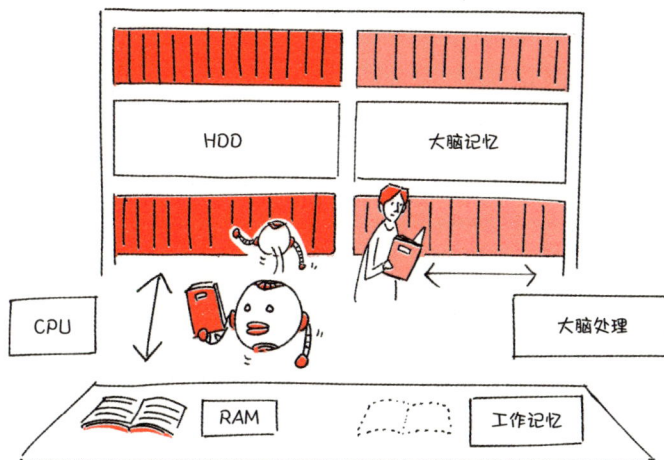

和别人进行谈话，就是因为头脑有工作记忆这项功能，能让谈话正常进行下去。如果没有工作记忆，我们就无法记住对方说的话，也就无法回答对方，结果根本无法形成对话。在谈及创造力的时候，工作记忆也是一个必不可少的信息处理系统，所以下面我要简单地补充讲解一下工作记忆。

● 工作记忆是长期记忆的一部分

　　工作记忆，是指短期保存进入头脑中的信息的功能。换句话说，就是我们头脑的某个部位具有将瞬间接收到的信息短期保存的功能。这种功能在心理学上体现得尤为显著。

　　可是，科学家并没有在头脑中真正找到这个部位。从自然科学的角度，难以解释这种短期记忆的现象。不过，随着科学技术的发展，以神经科学为首的一些学问，已经开始尝试解释工作记忆这种短期记忆现象了。其中，最具说服力的一种理论认为，工作记忆是长期记忆的一部分。

之前说过工作记忆是短期记忆，可现在又说它是长期记忆的一部分，有些朋友是不是对此感到非常迷惑？

还以前面提及的数字记忆游戏为例，进行说明。我们假设头脑中有一个短期存储信息的部位。"3、4、5、4、2、1"这串数字，日语发音是"san、yon、go、yon、ni、ichi"，阿拉伯语发音是"tarata、aruba、hamusa、aruba、itonen、wahido"[1]。如果我们头脑中真有短期存储信息的部位，那当人听到这串数字时，不管听到的是日语发音，还是阿拉伯语发音，都应该能够记住一段时间。但现实如何呢？日本人听到用阿拉伯语读的这一串数字，估计连 10 秒钟都记不住，因为日本人不熟悉阿拉伯语。但日本人听到用日语读的这串数字，就可以记忆较长一段时间。因此，有某个大脑部位保存短期记忆的理论，无法解释这种现象。

日本人无数次接触数字的日语发音，已经将其作为长期记忆保存在头脑中。工作记忆从长期记忆中读取这些读音对应的数字，然后积极主动地对其进行短期记忆。另一方面，不熟悉阿拉伯语的人，听到用阿拉伯语读的数字，也不知道其含义，只能生硬地记忆这些读音。对于这些闻所未闻的陌生读音，工作记忆可能能

---

1. 此处为日语中几个数字的阿拉伯语发音。日语原文为：タラータ、アルバア、ハムサ、アルバア、イトネーン、ワーヒドゥ。——编者注

记住几秒钟，但不可能保存更长的时间。因为在长期记忆中没有相关的数据。这种现象有力地说明了工作记忆是长期记忆的一部分。这种理论开始受到人们的重视。

也就是说，一部分长期记忆经过头脑的特定处理，使其处于连续活跃状态，在这段时间里，接收到的一些信息，被作为短期记忆暂时体现出来。反之，如果长期记忆没有被激活，短期记忆与长期记忆的联系就被切断了，短期记忆也就不存在了。

● 人工智能与人脑的区别

电脑中的运行内存，简单理解就是临时存储数据的装置，从功能上看和人脑的工作记忆有相同的地方。如果按照以往的旧理论，认为人脑中有存储短期记忆的部位，那么这个部位就和电脑的运行内存相似。

但是，近年来随着大脑科学的不断发展，新理论层出不穷，新理论认为人脑的工作记忆和电脑的运行内存并不相似。或者说，工作记忆并不像图书馆中的书桌，当从书架上找到想要的书后，不用把书拿到书桌上，而是当场翻开查找想要的内容。信息处理方式的差异，是人工智能与人脑的决定性差异。人工智能的信息处理方式，是先从书架上找到需要的书，再将书拿到书桌上，在书桌上读取书的内容；而人脑的信息处理方式，是在书架上寻找需要的书，找到之后站在书架旁当场阅读，不会把书带回书桌旁阅读。

人脑的这种信息处理方式，对创造力的发挥也有很大的影响。表面上看起来，人工智能和人脑的信息处理方式很相似，但实际上二者存在很大的差异，关于这一点，我会在后面进行详细讲解。如果能发现二者的差异，就更能体会人脑的伟大，也可能找到人脑潜藏的巨大可能性和潜力。

● 人脑可不是仅靠"0 和 1"来处理信息

　　人工智能是模仿人脑创造的一套智能系统，这是一般的认识。根据这样的认识，人们越来越容易认为人工智能和人脑是相同的。但是，模仿绝不等于相同，也不可能简单地相同。

　　另外，参考人脑模型建立的系统还有"人工神经网络"。目前人们对人工神经网络的评价颇高，但这也引起了一些观念上的混乱。分析人工神经网络的模型我们可以发现，在人工神经网络中，神经细胞输入、输出的信号多用"0 和 1"来表示。

　　这种模式表面上看起来很正确。计算机以二进制为基础，所以在人工神经网络中用"0 和 1"来将神经细胞的状态符号化。用"0 和 1"来表示"神经细胞是否处于活动状态"。神经细胞的活动状态被可视化、模型化，那么，一千几百万个神经细胞的信息处理模式也就被摸清楚了。据此，有些人认为人工智能相对于人脑，具有压倒性的优势。

　　但是，下这种结论过于草率了。

　　了解人脑的人，绝不会那样认为。为什么这么说呢？因为人脑神经细胞处理信息的方式不能用"0 和 1"来简单地加以符号化。如果从细胞、分子层面来研究神经细胞的活动状态和工作方式，可以发现一个神经细胞承担着无数的工作。从 DNA 表达到新蛋白质的合成，再到其运输机制和离子通道的调整，乃至尚未发现的各种工作，神经细胞的活动状态和工作方式，绝不是简单的"0 和 1"就可以表现的。

另外，人脑的暧昧性、模糊性比较强，再现性比较低。另一方面，人工智能学习过一次的内容，可以高度再现。这一点也是人脑和人工智能的重大差异。不过，虽说人脑的再现性比较低，但并不等于说人脑完全不能再现。人脑的运转也基于一定的自然科学规则，并不是完全随机的，但这个规则至今尚无人能够解开。到目前为止，科学家还无法全面、准确地把握人脑，未解之谜还有很多。人脑的再现性低是不可否认的事实，但部分再现还是可以实现的。而且，模糊的再现精度，也正是人脑的有趣之处。

● 人脑的信息处理方式

我们人类的大脑，可以处理语言性信息，可以处理数字等符号信息。同时，人脑也可以处理非语言、非符号的信息，这种信息是无法用语言表述的感性信息。

在中学的生理卫生课上，都会学到——人脑的重要组成部分是神经细胞。确实，神经细胞对大脑来说非常重要，但从构成比例来看，神经细胞只占人脑的 10%。人脑中除了神经细胞之外，还有胶质细胞等为神经细胞提供营养和支撑的细胞等。如果忽视这些细胞之间的相互作用，只看神经细胞的机能就给人脑下定义，那就等于只见树木不见森林。

再有，神经细胞也并非只存在于大脑。神经细胞遍布人的全身，让大脑与全身进行沟通交流，甚至还和体外信息进行沟通。说得再极端一点，神经细胞负责人体与世界、宇宙的交流与沟通。请大家牢记这个异常重要的观点。

神经细胞是处理各种信息的中枢，既包括从全身各处传来的内部环境信息，也包括从外界传来的外部环境信息。我们的头脑受这些信息的影响非常大。如空腹的信号、困倦的信号、不舒服的信号等内部环境信息，会对头脑处理信息的方式产生很大的影响，这一点大家可能都有体会。不仅是内部环境信息，像冷、热、闻到香味、身边出现一位漂亮姑娘、被可怕的上司瞪着等外部信息，也会对我们的神经细胞处理信息的方式造成很大的影响。

但是，如果人工智能也会因内外环境的变化而改变性能，那就麻烦了。只要不是断电、温度过高、人为改变计算方式等极端情况，人工智能的性能基本上都会维持在恒定的水平。

图 29   人脑与人工智能的差异

	人工智能	人脑
信息处理	0 和 1/ 统一的变化	0 至 1/ 多样的变化
对学习过的内容的再现性	高	低
多样性	低	高
内外环境的干涉度	低	高
生成物质	无机物	有机物
特性	准确性、不变性	模糊性、不确定性
记忆	语言/符号	非语言 + 语言/符号

也就是说，人脑的一个重要特征，就是非常容易受到内外环境的干扰。这也是人脑与机器的巨大差异。但我的意思并不是说"哪个更优越"，这两者本来就是完全不同的事物，可以说各有所长，也各有所短。

● 人脑和人工智能是完全不同的事物

人脑和人工智能存在很大的差异，前面讲的内外环境的影响只是一个例子，它们各自有各自的强项，也有各自的弱点。

因此，人脑和人工智能完全是两种不同类型的事物，把两种不同类型的事物相比较，已经有点跟不上时代了。如何发挥各自的强项，弥补各自的不足，让两者共存共荣，才是人类今后所要面对的课题，也是两者具有建设性的共处方式。

说人脑和人工智能是两种不同类型的事物，根据之一就是二者的生成物质不同。

机器或人工智能由无机物构成，而我们人类作为生物，由有机物构成，二者的生成物质明显不同。生物，如字面意思，是有生命的，如果失去了生命，就会腐烂消失。为了维持生命，生物有自己的生命系统，会进行新陈代谢。作为有机体，生命会繁衍新的生命。

人类认识事物、学习事物的过程，非常有趣。人类存储在头脑中的信息，具有很大的灵活性，但另一方面，也充满模糊性和脆弱性。只要人脑存储信息的方式离不开作为生物的流动性，那么，录入信息、读取信息的方式就会充满模糊性、不确定性、偶发性，以及对环境的依赖性。另外，有机体处理信息所需的能量相对较少。具有不稳定性，是人脑不能像人工智能那样学习的原因之一，但也正是人脑学习的有趣之处。这个有趣的地方，与创造力息息相关。

再来看人工智能，人工智能不会腐烂，而且可以把学习过一次的内容无比准确地再现出来。但是，人工智能是机械性的存在，不会像生物一样，生活在复杂的系统之中。不给它编写相应的程序，它就不会做相应的事情，而且缺乏趣味性。另外，如果让人工智能处理世界上的所有信息，需要消耗巨大的能量。

人工智能特别善于处理某一特定领域的信息。也就是说，在某一特定领域，人工智能可以进行远超人脑的计算处理。拿围棋来说，人工智能通过短时间学习，就可以战胜人类顶尖的围棋选手。但是，让这台"天才围棋机器"面对即将沉入海平面的夕阳时，它不会为眼前的美景感动。人工智能也许可以为眼前的美景贴上"美丽"的标签，也可能呈现出程序式的"感动"，但无法自行产生任何感情反应。人工智能可以模仿，但达不到人类的感知水平，它所产生的反应和人类的反应完全是两回事。因为人类对美产生的感动，源自神经细胞合成的神经传导物质（蛋白质），以及接受神经传导物质的受体的反应。无机质的人工智能不具有这样的反应，因此它无法做出等同于人类的反应。

人工智能有模仿人脑的部分，但从本质上说，具有完全不同的性质，二者的强项和缺点也不同。随着神经科学的进步，科学家对人脑的理解还会进一步加深，以后还可能发现更多人脑与人工智能的差异。人类将朝着把人脑的优势最大化的方向发展，而人工智能则会辅助人类，让人脑变得更加强大。

● 人类的创造性就产生于人脑的不确定性

人脑的一大特征，也是一大优势，就是学习方式的模糊性和不确定性。对学习内容的处理也是模糊的、不确定的，而且受到内外环境的影响非常大。人脑具有的这种模糊性、非再现性、近似性认识、多面性变化、内外环境干涉等"模糊信息和信息处理方式"，对于发挥创造力是一种助力。因此，为了培养自己的创造力，第一步就是要有意识地关注头脑处理信息的模糊性和不确定性。

当然，提高学习内容的确定性也很重要，因为模糊的学习和记忆容易成为批评的对象。但是，精确的学习并不能把我们头脑的潜能全部发挥出来。甚至可以说，精确的学习是让自己和人工智能在同一赛道赛跑，那我们人类肯定跑不赢人工智能。所以，我们不仅要适当、适时地进行精确学习，还要学会享受记忆偏差和错觉的乐趣，这在未来的时代非常重要。也许可以说，模糊性学习才是下个时代人脑的正确使用方法。

▌提高创造力的提示 2 ▌

爱上自己充满不确定性的大脑

　　人脑具有的这种模糊性、非再现性、近似性认识、多面性变化、内外环境干涉等"模糊信息和信息处理方式"，对于发挥创造力是一种助力。因此，为了培养自己的创造力，第一步就是要有意识地关注头脑处理信息的不确定性（模糊性、错觉、非意图性等）。

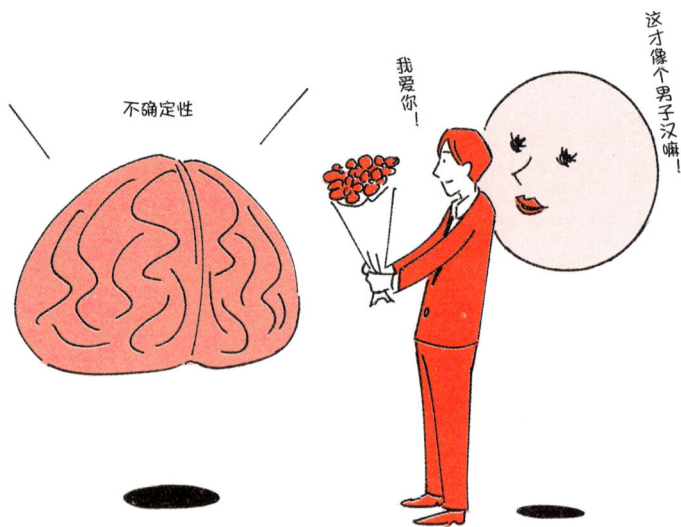

不确定性

我爱你！

这才像个男子汉嘛！

04

通过神经科学的知识来提高创造力

创造力不是天上掉下来的馅饼，需要驱动各种各样复杂的大脑系统，才能发挥出来。从这个意义上看，用神经科学的知识来分析、研究人类的创造力，非常有意义。现实中也确实有神经科学家在研究人类的创造力。

2013 年，有科学家发表了一篇名为《运用神经科学进行创造力训练》（*Applying the neuroscience of creativity to creativity training*）的论文。论文中包含了某大学的研究生接受创造力测试的实验数据。

其中，A 组受试学生先接受了提高创造力的一般训练，然后再接受创造力测试。B 组受试学生先听了一堂神经科学关于创造力的课程，然后接受创造力测试。

测试结果显示，B 组受试学生的得分更高。当然，该论文并没有说明 A 组受试学生接受训练的内容，所以该实验并不是无懈可击。但从结果上至少可以看出，神经科学的知识对于提高创造力确实有一定的帮助。背后的原因是什么呢？我认为，目前来说，创造力是一种难以把握的能力，但是，如果能从神经科学的角度，理解人脑的运作方式、使用方式，人就有可能有意识地发挥出这种能力。

● 神经科学的知识可以帮我们避开关于创造力的模糊性

人在发挥创造力的时候，要使用头脑中各种复杂的系统。如果只用头脑某个部位的机能就能发挥创造力，那当然好，但实际上，人类发挥创造力的过程是各种大脑机能总动员的过程。

人在不知道如何才能发挥某种能力的时候，就不会积极主动地去发挥这种能力。以前，在擅长发挥创造力的人中，有一部分只是偶然地用到了发挥创造力的大脑机能，他们可能并不清楚创造力的原理和激发方法。但是，如果了解了激发创造力的方法，人就可以在某种程度上回避这种模糊性。模糊性是阻碍头脑继续前进的绊脚石，因此，只要弄清了创造力的原理和激发创造力的方法，人就可能积极主动地去发挥创造力。

当然，只靠知识，是无法提高创造力的。在以前，人们对于创造力无从下手，不知该如何提高创造力，因为对创造力还缺乏科学的认识，只是模糊地认为创造力大多来自经验的积累。如今，人们已经开始从科学的角度来研究创造力，并取得了一定的成果，这已经是很大的进步了。以前，凭经验产生的创造行为，如今被赋予了科学的意义和解释。为了提高创造力，我们该如何思考，该做些什么，大方针已经清晰，这无疑将对人们积极地、自信地发挥创造力、提高创造力，提供巨大的帮助。

我想很多朋友都有在发呆的时候，头脑中突然灵光一闪的经历。但大家还没有十足的把握，认为发呆这件事就一定能产生创造性的灵感。而且，在工作的时候发呆，多半会被上司、领导批评。

但是，从神经科学的角度来看，"发呆"这种使用头脑的方法对创造性是非常重要的。当然，单纯的发呆对提高创造力并没有太多帮助。只是说，通过神经科学的知识，了解发呆时的感觉，并掌握活用发呆的方法，才有可能提高创造力。

不管怎样，最为重要的是发挥创造力时的那种感觉。在讲动力、精神压力的时候，我也讲过重视感觉，它们背后的道理是一样的。发挥创造力时，人的体内、大脑会发生一系列变化，而从整体上捕捉这种变化的是突显网络。那么，掌握驱使突显网络的力量，灵活运用突显网络，才能让头脑处理信息的方式有再现性，才能高效、科学地发挥并提高创造力。

05

从神经科学的角度捕捉创造力

到底什么是创造力呢？现在，我们就来研究一下这个问题。一般的百科辞典中对创造力是这样定义的——"提出新奇、独特且有生产性的想法的能力"（《日本大百科全书》）。

另一方面，在神经科学领域，对创造力还没有一个明确的定义。或者可以说，从神经科学的角度看创造力，因为它过于复杂，目前还没有完全解明。根据现有研究成果，神经科学界把"提供新的、有价值的信息（刺激）的能力"称为创造力。

在第二章讲精神压力的时候，我们讲过人脑对于新鲜事物做出反应的特征。**实际上，人脑对新鲜事物的反应和对非新鲜事物的反应，是不一样的。**新鲜事物和非新鲜事物的区别，在于它们是否在人脑中留过痕迹。

当人判断一个事物对自己是否有价值的时候，需要遵循头脑学习的程序。当我们的头脑第一次见到某个事物的时候，不会突然就感觉"真好""真漂亮""真了不起"。只有我们先培育出有这种感知能力的大脑，才会产生这样的感觉。

走完一个学习程序需要的时间，会根据学习对象的不同而不同。例如，某人看到一幅画，一开始可能感觉"这幅画哪里好啊？"但要让他认识到"这是一幅很棒的画作"，需要的学习时间绝不会是短短的一瞬间。在头脑中，会随着时间轴的推移，不断积累价值判断的记忆，逐渐地我们才能感觉到事物的价值。这个观点，在神经科学中非常重要。

● 将创造程序和评价程序分开来讨论

请大家看下面的图 30。

外面下着雨，汽车的雨刷器在工作。路上的车辆比较多。看到这幅图，可能有人的头脑中会闪现出一个"新"点子：

"啊！下雨的时候，汽车驾驶员一般都会打开雨刷器。那样的话，只要我们看到汽车的雨刷器在工作，不就可以准确地预测天气状况了吗？说明在下雨。"

确实，当雨很大的时候，几乎 100% 的汽车驾驶员都会打开雨刷器。但是，雨比较小的时候，有的驾驶员会开雨刷器，有的

图 30

驾驶员则不会开雨刷器。不下雨的时候，除了自动喷水清洗车窗时，没有哪个驾驶员会开雨刷器。那么，根据汽车是否打开雨刷器，似乎不仅能够判断是否在下雨，还能在很大程度上准确判断雨势的大小。

"这真是个好主意！只利用现有的技术，就创造出一种全新的天气预报方式。"

对于这个创意，您持什么态度呢？

"这个创意既新颖又独特，很不错！"

"不行不行，汽车少的地方，这种预测方法的准确率就很低了。"

"这个想法很早以前就有人提出过了。"

像这样，有人提出一个创意，然后众人对其表示赞赏或批评，是我们日常生活中常见的情景。但是，在这种情景中，我们要区别"提出创意的人"和"评价创意的人"二者的立场，理解这一点，对于培养创造力非常重要。

我们大体上可以把创意产生的过程分为两部分，一是某人提出创意的"创造程序"，二是周围人对这个创意进行评价的"评价程序"。创造程序和评价程序使用的是不同的大脑机能。我们必须要理解，这两个程序是完全不同的。现实中有很多评论家，但他们自己并不会创造，也有很多善于创造的人，却不善于评价。这种现象，也从侧面印证了创造和评价是两回事。

大多数情况下，创造程序是由创造者实施的，对于他创造出来的东西，别人再进行评价，也就是说，评价程序是由别人实施的。但我们不能遗漏，有些创造者也会对自己的创造进行评价，

图 **31**　创造与评价

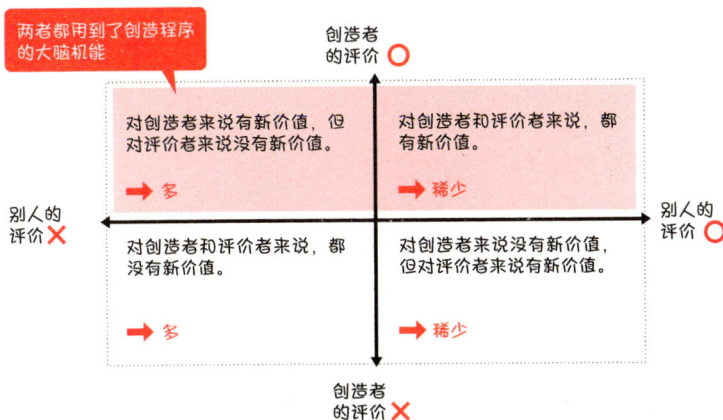

即实施评价程序。这样一来，创造者、别人，对于创造物的评价就存在四种可能性。

　　首先，当创造者认为自己创造的东西具有新价值的时候，评价可以分为两种情况。大多数情况下，只有创造者认为自己创造的东西具有新价值，别人都认为没有新价值。但是，偶尔也会出现创造者和别人同时认为该创造物具有新价值的情况，这种情况比较稀少。

　　其次，当创造者认为自己创造的东西没有新价值的情况的时候，评价也可以分为两种情况。大多数情况下，创造者和别人，同时认为该创造物没有新价值。但也有可能创造者认为没有新价值，而别人因为身处不同的文化环境、生活环境，认为该创造物具有新价值。

因为创造程序和评价程序使用的是不同的大脑机能，我们有必要将创造者的视角和评价者的视角分开来讨论。这样一来，具有新价值的创造物，才更容易被发现、被重视。从培养、提高创造力的角度来看，创造者应该更加重视培养自己的头脑实施创造程序的能力。

但是，创造出在别人眼中具有新价值的东西并不容易。因为虽然创造者的头脑经历了创造程序，但别人（第三者）的头脑只经历了评价程序，即使有一定的创造程序，也不是主流，也会被评价程序掩盖。关于这一点，我想再用一小节的篇幅深入讲解一下。

● 不要在意别人的评价，只管创造自己眼中有新价值的东西

我经过反复思考，想出了通过汽车雨刷器判断天气的点子。如果这个点子具有新价值，那我使用的脑力就没有白费，发挥了自己的创造力。但是，这时别人评价这个点子说："这不是什么新创意，这个点子没什么价值。"确实，这个点子对别人来说，可能并不新颖，也没什么价值。但不管怎样，为了创造这个点子，我使用了自己的脑力，这一点是不会因为别人的评价而改变的。这就是将创造程序和评价程序分开来思考。

在学校上课时，您是否经历过以下情形呢：

在美术课上，有学生画了一幅画，他认为自己的画独具匠心，很有创意。但美术老师看过之后，可能会指点几句："这个地方，应该突出细节。那个地方的颜色有点不恰当……"同学看了也可

能评价说："你这幅画缺少点灵性……"那位学生创作的画作，即使充满新意、创意，但如果别人的评价多是"没新意""没价值"，那么，那位学生也很可能就此失去画画的意愿。有的时候，创作者也可能形成违反自己意愿、遵从别人指示画画的习惯，那样的话就谈不上独立创作了。

创造者使用脑力实施创造程序之后，如果得到的全是负面的反馈，就容易丧失创造的动力，也不再愿意使用脑力去创造了。

世界上没有提高创造力的"魔法"。愿不愿意使用自己的头脑、能否实施创造程序、能否持续地使用头脑进行创造，才是提高创造力的正道。在这个过程中最重要的是，不要在意别人的评价，即使得到的都是负面反馈，也不要放弃，要坚持自己，继续创造下去。

要想创造出对自己和别人都有价值又新颖的事物，本来就是一件很难的事情，所以发明家在社会上是非常受尊重的。想象一下就知道，一个全新的发明要想让各种各样的人都能感受到它的价值，实在是太难了。之所以很多人把创造力当作一种与生俱来的天赋，认为只有少数人受到老天的眷顾具有这种才能，就是因为满足众人需求的创造太难了，况且创造还会不断受到别人的负面评价。也正因为如此，很多人武断地认为自己没有创造新事物的天赋，从而主动放弃了使用头脑进行创造的机会。

培养具有创造力的头脑，第一步就是要学会忽视别人的负面评价。不要管别人怎么说，我们应该想的就是如何才能创造出对自己而言有价值又新颖的东西或点子，并持续努力将想法付诸实践。

这个时候，我们还要回过头来，重新审视一下教育工作者或上司等评价者的立场和作用。作为评价者，首先应该清楚，要创造出让众人都觉得有价值的新东西，是非常困难的事情。有了这样的客观认识，就不应该过分苛责创造者创造出来的东西，而应该不断为他们提供可以大胆发挥创造力的机会和场合。

在实施创造程序的过程中，人脑要经历非常复杂的处理过程。所以，要让头脑熟练掌握创造程序，并不容易，日复一日的反复训练必不可少。作为教育工作者或上司，应该多通过语言的鼓励，帮助创造者勇于向前迈进，敢于放飞想象力。另外，**教育工作者或上司，还要善于发现创造者的新灵感，有的时候，创造者的一些灵感可能连他自己都无法用语言表述出来。教育工作者或上司就应该具有这样的敏锐性，引导创造者把想法表达出来。**

至此，我们又讨论了很多，这时可以给创造力再下一个定义了。不过，我还要再强调一下，那就是一定要把创造程序和评价程序区别开来。

"所谓创造，就是不管周围的人怎么评价，在头脑中产生对自己来说有新价值的信息或刺激的过程。这种能力就叫作创造力。"

这样一说，您是不是就更容易理解什么是创造力了呢？

创造者应该使用自己的"创造之脑"，不必在乎周围人的评价，也不能受评价者的价值观束缚，只要是对自己而言有新价值的东西，就值得去创造。可以说，这是提高创造力，培养具有创造力的头脑的第一步。

当然，这样做也存在一定的危险性。

来自外界的评价，对于一个人做事情的动力会产生很大的影响。既然创造出对众人来说既新颖又有价值的东西非常难，那么创造就容易受到众人的负面评价，而这样的评价确实会对创造者的动力产生一定的打击，这一点我们不能否认。也正因为如此，我才一直强调，一定要把自己的创造程序与别人的评价程序分开来考虑。

提高创造力的提示 3

对自己有价值的创造

要想培养自己的创造力，首先不能太在意周围人的评价，不要被他们的价值观束缚。我们要创造的是对自己来说有新价值的东西。这一点要牢记。

别人评价的危险性

创造出让众人都感觉有新价值的东西，是难度极大的事情。即使创造者认为自己创造的东西对自己来说具有新价值，但在评价者眼中也许一文不值，所以创造者很容易受到负面评价。结果，很多创造者的创造动力受到打击，甚至放弃创造，结果永远无法提高自己的创造力。

06

发挥创造力的大前提

● 营造心理安全状态

发挥创造力有几个大前提。第一个就是"心理安全状态"。在讲动力和精神压力的时候，都曾谈及心理安全状态，创造力的发挥也绕不开它，可见心理安全对一个人是多么重要。

请大家看下面的图32，虽然前面已经讲过，但因其非常重要，所以这里我再为大家复述一遍人脑的状态。

图 32　发挥创造力与心理安全状态

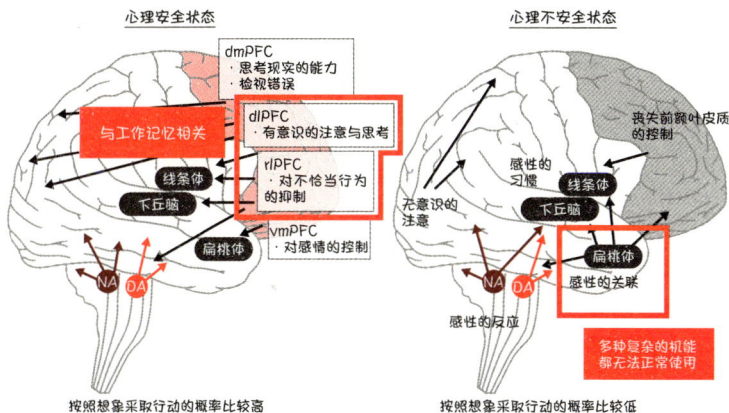

根据 Arnsten, A.F.(2009).Stress signalling pathways that impair prefrontal cortex structure and function. *Nature reviews Neuroscience*,10,410-22．制成。有下划线的部分为作者追加。

　　图左右两边分别表示精神压力适度状态的头脑和精神压力过度状态的头脑。在左图头脑的状态下，人处于心理安全状态；而右图头脑的状态下，人处于心理不安全状态，这种情况下，扁桃体处于过度反应状态，由此可以造成前额叶皮质机能的丧失。

　　在前额叶皮质中，对于发挥创造力具有重要作用的区域是dlPFC 和 rlPFC。这两个区域丧失机能之后，负责临时处理信息的工作记忆功能也将无法正常工作。但人脑特有的模式解析机能和面对不确定事物依然敢于挑战的机能，一旦不能正常运转，对于创造力的发挥将会造成致命的打击。因此，为了发挥创造力，我们首先要保证前额叶皮质的正常运转，为此我们要避免承受过度的精神压力，防止自己陷入心理不安全状态。

　　创造力的发挥需要各种体验、记忆的积累作为"素材库"，从这个角度来说，有些情况下过度精神压力的体验也可能成为发挥创造力有用的素材。但是，为积累创造素材而制造体验的行为，和活用这些体验发挥创造力的行为，在头脑中属于不同的机能，由不同的大脑区域负责。也就是说，所有的体验和记忆都可能成为我们发挥创造力的种子，但是，要想充分发挥创造力，心理安全状态是必不可少的前提。

● 要相信创造力是可以后天培养的

　　发挥创造力的第二个前提条件是，要坚信创造力是可以后天培养的。

　　先请大家回忆一下，在第一章讲动力的时候介绍过的需求五层说（第 18 页）。越是深入人脑的底层领域，其中的主要机能就越是由 DNA 决定的，也就是说先天的机能占主导地位。反之，在人脑的上层领域，只要施加能量，就可以从细胞、分子层面加以改变，从而改变机能，换句话说，上层领域的机能是可以后天训练、培养的。从神经科学的角度出发观察人类发挥创造力时头脑的使用情况，发现几乎所有的活动都集中在大脑新皮质、大脑边缘系等上层领域。

接下来，我们从宏观角度观察的大脑部位，多和大脑新皮质和大脑边缘系相关。**虽说很多人认为创造力是与生俱来的先天能力，但是与创造力相关的很多因素也是可以后天培养的，这也是不争的事实。**

"相信"的力量，在讲动力和精神压力的时候，我都讲过。世界上每一位曾经发挥出惊人创造力、带给世界伟大发明的发明家，在创造的过程中无一不曾经历无数次的反复，没有哪个发明家可以一次性获得成功。这样的过程就是后天训练创造力的过程，不经历这样的后天训练，再了不起的天才，也难以发挥出惊人的创造力。

本着这样的前提，我们一起来探讨真正发挥创造力时头脑的状态。在此之前，我先给大家讲解一下，有关创造力的三种头脑工作原理。这三种头脑工作原理对于理解创造力非常重要。

● 对创造力非常重要的三种头脑工作原理

第一种是"神经可塑性（neuroplasticity）"。所谓神经可塑性，是指神经细胞与神经细胞相连接的突触可以发生改变，从而引起头脑的改变。以前，大家都认为人脑是不会改变的。很久以前的教科书中甚至写道："人脑不会产生新的细胞。"但是，最近科学家发现了全新神经细胞诞生的现象（神经新生），也就是说，人脑可以在后天产生新细胞，并且可以发生改变。

实际上，创造主要使用的是大脑新皮质和大脑边缘系的机能，这两个区域负责高级机能和学习，都可以在后天发生改变，可以说是神经可塑性的典型例子。换句话说，创造力可以通过后天的学习、训练加以培养。

神经可塑性非常重要，但如果我们什么都不做，头脑不会自己改变。这时，就要引出第二种头脑工作原理了，那就是前面反复讲到的"Use it or lose it（用进废退）"的原则。神经细胞，特别是头脑中的神经细胞，和我们身体上的肌肉有相似的性质。我们身上的肌肉是越锻炼越强壮，神经细胞也是如此，使用的频率越高，包裹神经细胞的髓鞘就会越粗，受体的感受度也就越高。所以，只有不断使用、反复锻炼的头脑，才会越来越聪明，才能发挥出高水平的创造力。

我们的头脑希望自己始终保持最高效率的运转，因此，头脑越用越灵活。但是，如果把那些不用的神经回路保留在头脑中，就得为其消耗额外的能量。为了节约能量，头脑肯定会对不用的神经细胞进行删除作业。所以，要想提高自己的创造力，就必须经常、反复使用负责创造力的大脑区域。

有关创造力的第三种重要头脑工作原理是"Neurons that fire together wire together"。

　　关于这一点，前面也不止一次讲过，意思就是"同时激发的神经细胞会串联在一起"。头脑的神经回路怎样形成，取决于体验和学习到的方式和内容。即使在完全相同的环境中，不同的人因为关注点不同、处理信息的方式不同，所形成的体验和记忆也不一样。而这些体验和记忆就是发挥创造力的种子，或者说原材料。所以，我们要有意识地同时激发更多的神经细胞，尽量多地让各种体验和记忆联系在一起，这将为我们日后发挥创造力提供更加丰富的素材。

　　要想同时使用头脑的多种机能，需要怎么做呢？在接下来的小节中，我想从宏观的角度为您介绍一下发挥创造力时都要用到哪些大脑机能。希望您记住一点，就是其中任何一种单独的机能都无法让我们发挥创造力，必须多种机能共同协作，才能让我们把创造力发挥出来。

提高创造力的提示 4

心理安全与创造力

发挥创造力需要同时使用各种复杂的大脑机能。当扁桃体极度活跃的时候，其他大脑机能就无法正常使用，因此，发挥创造力的一个大前提就是保持心理安全状态，让扁桃体不要那么活跃。但有的时候，恐惧、不安的体验和记忆，也是头脑进行学习、创造不可或缺的素材。

创造力可以后天培养

与创造力相关的大脑机能主要由后天培养而来，它们是可以变化（可塑）的，而且越使用越发达（Use it or lose it）。另外，同时感受多种刺激、同时使用多种大脑机能（Neurons that fire together wire together），也是发挥创造力必不可少的头脑训练方式。

多亏了你平时的训练。

好像有创作灵感了。

07 从宏观视角捕捉创造力

接下来，我将从宏观视角出发，为大家剖析创造力的相关知识。

2013年，MIT Press 出版了一本面向专业人士的书籍——《神经科学的创造力》（*Neuroscience of Creativity*），这本书从解剖学的角度详细地讲解了人在发挥创造力时使用的各种重要大脑区域，以及各个大脑区域的作用。

随着时代的发展、科学技术的进步，在前人的研究成果和经验教训的基础上，当今的科学家可以开展更加精确、真实的实验。2016 年 Cell Press 发表的一篇论文称，现在已经可以将随着时间改变而变化的大脑机能以可视化的方式呈现出来。通过这样的技术手段发现，人在进行创造性思考的时候，并不只使用某个特定的大脑区域，而是多个大脑区域联合活动。

"右脑对于创造力更为重要。"社会上流传着这样一种"常识"，但实际上，科学家已经证实，人在发挥创造力的时候，不仅要使用右脑，还要使用左脑，而且，前脑、后脑也同时会用到。可以说，用到头脑前后左右大部分区域的机能，是发挥创造力的显著特点。

2016 年，科学家逐渐解明头脑在发挥创造力时沿时间轴活动的各个大脑区域，显示这个变化过程的就是下一页的图33（第229 页的图27 也介绍过）。从图中可以看出，人在发挥创造力的过程中，几乎用到了头脑中上下左右的全部区域。

通过训练、培养自己的头脑，让自己成为具有较高创造力的

图 **33** 沿时间轴变化的大脑的各个活动区域

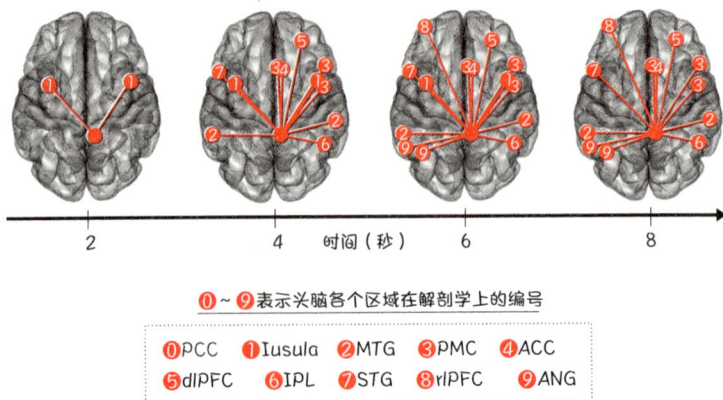

⓪～⑨表示头脑各个区域在解剖学上的编号

⓪PCC	❶Iusula	❷MTG	❸PMC	❹ACC
❺dlPFC	❻IPL	❼STG	❽rlPFC	❾ANG

根据 Beaty, R. E., Benedek, M., Silvia, P. J., & Schacter, D. L. (2016). Creative Cognition and Brain Network Dynamics. *Trends in Cognitive Science*. 20(2), 87-95. 绘制而成。有下划线的部分为作者追加。

人，头脑中多半经历过图 33 中的过程。当然，并不是说发挥所有创造力都一定要经历上图中的头脑活动模式。我的意思是说，只要发挥创造力，就要像上图一样，使用多个大脑区域的不同机能。因此，熟知各个大脑区域的机能，是培养自身创造力的前提。掌握了这个知识，可以更好地提高自己的创造力。下面，我们就沿着图 33 中的时间轴，逐个分析与创造力相关的各种大脑机能。

● 创造力的起点是默认模式网络

当我们思考新创意、新点子的时候，头脑活动的起点在哪里呢？科学家们利用时间轴研究创造力的时候，逐渐发现了这个起点。科学家用"种子（Seed）"这个词来表示创造力的起点。经研究发现，种子所在的大脑区域是后扣带回（posterior cingulate cortex, PCC）。

后扣带回这个大脑区域是默认模式网络的中心。换句话说，发挥创造力的起点在于默认模式网络的开启。当然，默认模式网络只是创造力的起点，在发挥创造力的过程中还要用到其他类型的网络。

默认模式网络也被称为"任务消极"的大脑状态。就是说，当默认模式网络开启时，人不会这也想做，那也想做，不是自上而下有意识地做事情的状态。当默认模式网络运转的时候，头脑其实在处理内部的信息。

有的时候，我们的头脑在处理外部的各种信息。但有的时候，头脑也会倾听心脏的搏动，思考内心的问题，这种时候，头脑的关注点在内部信息上。即使没有创造什么新的想法，此时我们也在放飞想象力，只不过是在头脑内部检索信息。在这种状态下，我们用的就是默认模式网络。

默认模式网络开启时，我们其实处于休息状态，不会关注外部世界，而是聚焦于内心世界。这时，我们可能在闭目思索，也可能在做白日梦。有时虽然睁着眼睛，却对周围的一切视而不见，有时在喃喃自语，沉浸在自己的世界中。这种状态，正是创造力的起点。

典型的例子就是所谓的"心不在焉"的状态。人心不在焉的时候，要说他沉浸在自己的世界中吧，也不完全是，要说他醒着吧，感觉又像在做梦，可能用做白日梦的状态形容更加贴切。在这种状态下，人不会有意识地去想象什么事情，而是自下而上地任意想象很多东西。其实，此时默认模式网络正在工作。

"请把注意力集中在自己的呼吸上，让内心平静下来，5分钟即可。"

这是时下流行的冥想、正念练习法。对不太熟练的练习者来说，别看短短的 5 分钟，他们也难以将注意力集中在自己的呼吸上，思绪总会飘走。头脑中时不时就会无意识地闪现其他念头，比如，"晚饭我该吃点什么呢？""那个人想干什么？"。洗澡的时候，他们也会不知不觉开始胡思乱想，当回过神来时，都忘了自己洗到哪个部位了。可能很多朋友都有过类似的经历。这就是所谓心不在焉的状态，也是头脑中默认模式网络工作的状态。

● 好好利用心不在焉的状态

大多数人还不能熟练掌握呼吸法、冥想法，那么反其道而行之，说不定专注于呼吸的练习法，还能成为提高创造力的起点呢！对一般人来说，想要把注意力集中在呼吸上，反而会不经意进入胡思乱想或心不在焉的状态。有些朋友可能因此对自己感到悲观失望，觉得自己连集中注意力都做不到。可是，我们完全不必为自己的头脑如此"任性"而感到悲观失望。

为什么这么说？因为心不在焉是让您见识到"无意识的自己"的好机会，也是启动默认模式网络的好机会。当我们有意识地集中注意力的时候，就会从心不在焉的状态中脱离出来，同时，也就结束了默认模式网络的工作。不过，在心不在焉的状态下我们所想象、思考、感觉的事物，是可以回想起来的。

　　在有意识地做呼吸练习、冥想练习的时候，无意识地胡思乱想，进入心不在焉的状态，并不是我们的头脑或能力存在缺陷导致的。有意识地对心不在焉的状态加以利用，是很重要的。为了提高专注力，有意识地把注意力集中在呼吸上，也许是很重要的训练。但是，在这个过程中，即使注意力不自觉地分散了，我们也不必悲观，因为这是一种自然现象，我们要积极地面对它。意识到自己走神时，再把注意力拉回到呼吸上就行了。实际上，在提高专注力所提倡的呼吸练习法中，专门有反省自己走神的程序。由此可见，大部分人一开始练习呼吸法时都会走神。

　　在默认模式网络状态下，头脑处理的信息内容大多比较无聊，并没有什么创造性可言。但是，如果我们能掌握与自己的默认模式网络进行对话的方法，当我们想要激发自己的创造力的时候，就有办法引导自己开启默认模式网络。通过呼吸练习法，引出自己心不在焉的状态，然后再反思心不在焉的状态，说不定会成为发挥创造力的垫脚石。

● 有意识地将自己引导到无意识状态

　　默认模式网络工作的时候，人处于类似心不在焉的无意识状态。因此，如果说有意识地开启默认模式网络状态，似乎存在前后矛盾的嫌疑。但是，只要了解在何种状态下默认模式网络更容易启动，我们就可以有意识地将自己置身于那种状态中，然后很容易在无意识间开启默认模式网络，这就叫作"有意识地将自己引导到无意识状态"。

前面讲过，默认模式网络与负责记忆的海马体等部位有紧密的联系，因此默认模式网络受记忆的影响比较大，尤其是早前的记忆和稍后的想象。我们的头脑会不自觉地回想起早前的开心事和烦心事，也会随意想象稍后可能发生的快乐事和不安事。用记忆驱动行动、引导自己做决定，正是默认模式网络的作用。

充分理解了默认模式网络的这个特性，就可以有意识地利用它。在日常生活中，当我们处于无意识的状态时，头脑会随意地回忆早前的事情，想象稍后的事情。因此，当我们希望把某些事情交由默认模式网络处理的时候，可以有意识地强化早前的记忆和稍后的想象，这也是"有意识地将自己引导到无意识状态"，从而激发出自己的创造力。

具有创造性的想法，不会突然之间从天而降。对于一个问题，只有反复地、绞尽脑汁地思考和想象，才有可能在某一时刻头脑中突然闪现解决的方法。当然，思考和想象的内容，会作为记忆深刻地烙印在头脑中。这种有意识的思考和想象，由中央执行网络进行处理的概率比较大。

而且，当我们有意识地专注于某一对象，绞尽脑汁地对其进行思考、想象的时候，使用的这部分神经回路就会在"Use it or lose it"的原则下，变得更加强大，思考、想象的内容也容易变成长期记忆。另外，形成长期记忆的这些内容，日后才有机会获得默认模式网络的处理。

要想激发出创造性的想法，强力集中、沉浸于对象事物，是

有效的方法。通过这样的方法，可以使对象事物的相关内容形成强烈的长期记忆，这样才有可能让默认模式网络在无意识中处理我们想要的信息。

当然，并不是说只沉浸于对象事物就万事大吉了。有意识地控制自己沉浸于其中后，还要有意识地让自己的精神脱离外面的世界。对对象事物的相关信息形成长期记忆之后，我们还必须创造一个有利于默认模式网络启动的环境。下面，即将为您介绍启动默认模式网络的方法。

08

启动默认模式网络的方法

● 有意识地让大脑进入空白状态

绞尽脑汁的思考，超越极限的想象，都需要头脑满负荷运转，有这种不达目的誓不罢休的精神固然很好，但有的时候，我们也需要休息，需要放空。暂时放下手头的工作，做点其他的事情，或者大睡一觉，反而会给头脑中的记忆一个加深的时间。

当我们不管如何挖空心思地思考，也想不出好的方案、有趣的点子、有创意的主意时，不如暂时让头脑进入空白状态，启动默认模式网络。但现实中，想让头脑放空，进入一片空白的状态，并不是一件容易的事。这种能力，还需要一定的训练才能掌握。

有些朋友不能容忍自己闲下来，一旦头脑处于休息状态，他们就坐立不安。可以说，这样的头脑状态并不适合进行创造。我们的头脑既有主动处理信息的功能，也有进入发呆状态的功能。但是，很少有人懂得将发呆状态作为自己的武器使用。发呆状态、一片空白的状态，从客观角度看，人们容易把它们理解为无所事事的状态。所以，在公司或学校里，上司或老师看到有人发呆的时候，多半会提醒他、批评他。

可大多数人不知道的是，也有可以产生极高生产性、创造性的发呆状态。发呆状态能否产生创造性，主要看人在发呆之前是否有意识地进行了专注的思考和想象。如果事先没给大脑施加任何负荷，只是漫无目的地发呆，那多半不会产生任何创造性。但是，经过绞尽脑汁的思考后的放空，则是产生创造性的重要状态。

那么，如何有意识地让自己进入发呆状态呢？不要让视线集中于某一点，"像是在看什么，实际什么也没看"的状态，容易让人的头脑进入放空状态。如果眼前有移动的物体，或者周围环境中有明显不自然的声音或气味，容易吸引人的注意力，那么我们就无法完全放空。所以，将自己置身于空旷、没有多余刺激的安静空间中，是启动默认模式网络、激发创造力的有效方法。例如，来到开阔的大自然中欣赏美景，极目远眺，放空头脑的效果就会很好。当然，存在个体差异，每个人有每个人的方法。所以，找到最适合自己的放空方法尤为重要。可以说，找到放空大脑的方法，是激发创造力的重要一步。

● 单调作业也是启动默认模式网络的好方法

还有一种方法容易将默认模式网络激发出来，那就是自己熟悉的单调作业，有意识地做这种单调作业，容易启动头脑中的默认模式网络。

典型的单调作业，就是前面介绍过的呼吸练习法。当我们把注意力集中于呼吸时，一段时间之后，头脑对这个任务会产生习惯性和厌倦感，控制不好的话，就容易进入心不在焉的状态。经过深思熟虑的思考之后，通过将注意力集中在呼吸上，然后再引出心不在焉的状态，可能对激发创造力有很大的帮助。

散步也可以看作一种单调作业。我经常听说，在公司部门会议上，大家经过激烈的讨论也没有找到解决方案，可是会后休息，大家出去散步的时候，就可能忽然想到完美的解决方案。这种情况，是可以用神经科学的原理加以解释的。另外，冲淋浴、洗头发时，头脑中都有可能迸发出令自己吃惊的新想法，这样的事情您经历过吗？除此之外，刷牙、洗碗等单调作业，也可能引导我们头脑的默认模式网络天马行空地思考或想象出具有创意的新想法。

大家可能有种固定思维，认为越是有创造力的人，越不拘小节，越不喜欢单调作业。但实际上，很多具有创意的想法，并不是刻意想创造时才创造出来的，而往往是在不经意间闪现出来的。当人进行单调作业的时候，头脑就容易出现空白，也就是让大脑在工作的时候留出余白，有余力处理意图之外的其他信息，从而有可能激发出意想不到的创造力。

当头脑所处的环境与平时不同的时候，头脑就会用异于平时的模式来处理信息。于是，当人有意识地做某事时，头脑不容易闪现出有创意的想法，因为大多数时候，人都在有意识地做事。但放空的时候，头脑状态不同于平时，所以异于平时的想法有可能闪现。但是，平时有意识地思考，是让记忆痕迹更深地留在头脑中，这也是发挥创造力的一个前提。在此基础上，改变头脑的运转模式，用不同于平时的处理方式来处理记忆中的信息，就有可能激发出新的创意。

换个环境工作、去没去过的游泳池游泳、周末去蒸桑拿或泡温泉……换个平时不常接触的环境，头脑处理信息的模式也会不同于往常，产生创意性想法的概率会大大提高。所以，就像转换心情一样，改变环境可能为创造力的发挥提供契机。我有一个搞研究的教授朋友，他在实验室里研究一个课题多年，反复实验无数次也没有得到满意的结果，可是有一年他休假去旅行，在旅途中灵光一闪，想到了解决问题的最佳方案。

　　典型的头脑模式切换的现象就是睡眠。人在睡觉的时候和清醒的时候，头脑的模式是完全不同的。睡觉的时候，头脑会对记忆进行整理和强化，但醒来的时候，并不会马上切换头脑模式。从睡眠中醒来到头脑完全清醒过来的这段时间，就是头脑模式切换的过程，而在这个过程中，头脑所处的模式又不同于完全清醒时头脑的模式。所以，在这段切换时间里，我们的头脑有可能产生不同于平时的想法。有些人在起床之后，会想到非常有创意的点子，其中的道理就在于此。

　　如果我们总是在固定的场所，用固定的头脑模式做相同的工作，那么头脑处理信息的方式就会非常固化，难以产生创造性想法。只有想办法转换头脑的模式，才能引导性地激发以 PCC 为起点的默认模式网络，从而有助于闪现充满创意的新想法。

提高创造力的提示 5

有意识地让自己进入无意识状态

对对象事物进行彻底的思考之后，可以尝试着让自己进入无意识状态，也就是停止思考的状态。因为前面经过了彻底思考，头脑对对象事物已经形成了强烈的记忆，因此，在无意识状态下唤起相关信息的可能性很高。这就意味着我们在无意识状态下很可能开启创造程序。

专注于单调作业

要想脱离专注思考的状态，可以放下手里的事，去做其他事情，也可以做些单调作业，这可以帮自己开启默认模式网络。当头脑对单调作业产生习惯性和厌倦感的时候，我们就会放飞思考和想象，进入心不在焉的状态。而之前头脑中尽力思考的内容，在放空状态下，容易被头脑以默认模式网络进行处理，从而开启创造程序。

09

有关过去和未来的对话，可以激发创造力

PCC 还有另外的作用。

PCC 的延长线上有海马体，而海马体又连接着扁桃体。海马体负责保存情节记忆，伴随情节记忆产生的感情记忆，则保存在扁桃体中。PCC 通过多种形式来控制海马体与扁桃体之间的联动协作。

具体地讲，PCC 可以勾起海马体中保存的情节记忆，将当前发生的事情与头脑中保存的情节记忆进行比对。不过，并不是所有的情节记忆都伴随着感情记忆，所以，此时感情记忆处于有可能被唤起，也可能不会被唤起的状态。由此可见，PCC 的一个作用就是负责唤起情节记忆和感情记忆。

创造力的高低与 PCC 的功能存在紧密关联。下面介绍两个相关实验。

神经科学和心理学的科学家在测算一个人的创造力有多高时，常会用到一种名为"替代方案"的测试。例如，问受试者"帽子除了戴之外还能干什么？"通过这个测试，可以看出情节记忆对创造力的影响。

2014 年，阿迪斯等人进行了一项关于创造力的实验。他们让受试者根据过去的记忆想象未来可能发生的事情，再让受试者接受替代方案测试。结果显示，受试者想象的详细程度与提出替代方案的数量，存在相关关系。也就是说，唤起过去的记忆，在此基础上想象未来，可以提高创造性想象产生的概率。而且，对未来的想象越清晰、越详细，产生新创意的可能性就越大。

2015 年，马德拉等科学家进行了一场实验。科学家将受试者分成两组，分别对他们进行替代方案测试。第一组，科学家先对受试者过去的经历进行详细询问，再对他们进行替代方案测试。另一组受试者则直接接受替代方案测试。结果，第一组受试者提出的替代方案数量更多一些，对于未来的模拟想象也更加详细，充满细节。

唤起以前的详细记忆，这个行为被称为"episodic specificity induction（情景特异性诱导）"。询问一个人过去的详细情况，然后让他想象未来，就可以提高这个人的创造力。听起来是不是有点天方夜谭？但从神经科学的角度看，这种情况是有一定理论依据的。想出新创意的，无疑是我们的大脑，但大脑中保存的记忆，正是新创意的种子。**因此，"为记忆注入活力"，对于提高创造力绝对有帮助。**

● 东拉西扯的闲聊，也有可能激发创造力

闲聊也有价值？下面，我们就来研究一下闲聊。其实在商务工作的领域中，闲聊的作用早就得到了认可。和客户见面不马上谈工作，而是先闲聊一会儿，这时的闲聊就是所谓的"破冰"。闲聊不仅能拉近人与人之间的距离，而且通过倾听、分享过去做过的事情，头脑中还可能产生新的、有创意的点子。闲聊的内容，不要仅仅停留在情节记忆的层面，如果能涉及感情记忆，将有更大的概率激发创造力。

畅谈有关未来的话题，同样具有激发创造力的效果。因为谈

未来的话题所使用的头脑机能，和发挥创造力时 PCC 的工作方式非常接近。但是，闲聊时，一上来就谈未来，门槛有点太高，跨度有点太大了。我们可以在闲谈的最后，气氛已经被烘热，谈了很多往事之后，再和对方一起畅谈未来。

畅谈未来时，提醒大家注意一点，不必非要说些口是心非的漂亮话，只要是心中的真实想法就行，尽量详细地描绘出来，带上感情因素就更好了。这样做的目的是，让头脑运转起来，启动创造程序。也不必在意别人的评价，闲聊的时候，我们的目的不是获得别人良好的评价。

在我的印象中，日本的女性经常举办"女子会"之类的聚会活动，但很少听说男性举办"男子会"。所以我个人认为，谈论具体事物的能力，女性要强于男性。通俗地讲，就是女性更善于闲聊，您可别小看闲聊的作用，这可是女性的强项。实际上，2002 年至 2003 年，欧盟的神经科学研究机构对大约 5000 人的头脑数据进行了分析，统计结果显示女性的 PCC 要大一些。

当然，从个体角度看，也有个别男性的 PCC 比较大，个别女性的 PCC 比较小。但是从整体来看，还是女性的 PCC 普遍比较大。在聊天时，女性有将具体情节毫无保留地讲出来的倾向，这对于发挥创造力，是一种非常重要的能力。

另一方面，男性容易陷入抽象的对话，或者一味追求对话的含义，而情节记忆和含义记忆使用的是不同的大脑区域。我建议大家，尤其是男性朋友，在谈话时，不要过度倾向于抽象的含义，应该把抽象和具体结合起来，只有这样，才有可能为日后发挥创造力埋下种子。

提高创造力的提示 6

发挥闲聊的作用

当您需要创意的时候，可以找同事、朋友闲聊一会儿，可以是与工作毫无关系的话题，也可以是最近发生的事情，聊得越具体越好。聊的过程中，最好把自己的感受也表达出来，这样激发头脑创造力的可能性就会大大提高。如果闭上眼睛，让想象的情景浮现在脑海里，效果就更好了。

畅谈未来

闲聊中，您可能具体谈了过去发生的事情，最后快要结束聊天的时候，可以再谈一谈未来。您希望未来发生的事情、不希望发生的事情、怎样做才能实现自己的想法……对未来的畅想，很可能会对您的创造活动带来积极的影响。不必非要说些漂亮、美好的希望，只要是心里想的，直接表达出来就可以。

10 用突显网络激发创造力

接下来，就要讲到突显网络了。突显网络负责收集我们身体、头脑内部的信息，是负责意识、认知的中枢。

突显网络主要由两个大脑部位构成。一部分是位于侧额叶和额顶叶交界处的岛叶皮质，另一部分是位于 PCC（后扣带回）前面的 ACC（前扣带回）。我们先从岛叶皮质讲起。

岛叶皮质的作用是，监控我们自身内部的感觉、感情状况。岛叶皮质又可以细分为前侧、中央、后侧三大部分。

对体验、感觉进行主观性把握的时候，会使用前岛叶皮质。当人受到惊吓或感到恐惧的时候，前岛叶皮质就会活跃起来，会对受到的刺激进行主观的判断和反应。

假如有个朋友搞恶作剧，突然跳到我面前，大叫一声"哈"，我肯定会被吓一跳，嘴里可能还会不自觉地发出"啊"的惊叫。这声惊叫并不是我有意识的反应，而是下意识的反应。这种反应，我称之为"情绪"。但是事后，我们的头脑会对这个情绪进行再认识，"啊，刚才我被吓了一跳。"这是认识到自己情绪反应的状态。这个状态，我称之为"感觉"。情绪和感觉是两种不同的大脑机能，而前岛叶皮质就负责这两种机能之间的过渡。

后岛叶皮质负责读取心脏、肌肉、肾脏、膀胱等身体内部各种器官、组织的感觉。我们人类生存在世界上，不会只依赖外部的信息，还会关注内部的感觉、感情等要素。

中央岛叶皮质负责联络前侧和后侧的岛叶皮质，以及扁桃体等部位，对感觉、感情等信息进行多样性整合。可以说，中央岛叶皮质是我们的感觉、感情等"感"的中枢。我们如果没有"感"，就无法在这个世界上生存下去。感觉到危险，我们就会躲避；感觉到饿了，我们就会去寻找食物；感觉到疼痛，下次就不会再做同样的事情……"感"让我们学习到生存的基本能力。另外，我们如果无法感知幸福的反应，就不会幸福。

科学家 Mani N. Pavuluri 和 Amber May 写了一篇有关岛叶皮质机能的论文。这两位科学家认为笛卡儿的名言"I think, therefore I am（我思故我在）"是错的。他们主张"I feel, therefore I am（我感故我在）"。确实，我们如果不能感知自己，也就根本无法认识自己，那当然就没有"自我"的存在。

● 拥抱自己的感情、感觉

至于到底是"我思故我在"，还是"我感故我在"，我们暂时把哲学层面的思考放一放，先来聊聊感觉、感情对创造力的影响。我们在发挥创造力的时候，关注内部的信息非常重要。除感情的要素之外，尤其还要关注感觉、知觉、内部感觉等信息。

如果我们平时不有意识地关注自己的感情、感觉，它们就会瞬间消失。当我们开心时，当时会感觉到开心，但如果没有意识到"自己正处于感觉到开心的状态"，这种感情就会很快被我们遗忘，因为岛叶皮质没有工作。

我甚至觉得，在某些时候，做一个只关注自己的感觉、感情的人也不错，而且要把五感——视觉、听觉、嗅觉、味觉、触觉全部打开，用来感知自己的感觉、感情。

　　视觉，也分很多种情况。我们在黑暗环境中看东西的方式和在明亮环境中的方式就不同。盯着一点看的方式与整体看的方式也不同。另外，对颜色的感知方式，也是因人而异的。哪些视觉刺激可以让自己平静，哪些视觉刺激又会让自己兴奋，我们都可以仔细地观察。关于气味，也是同样的道理。不同的场所有不同的气味，同一杯咖啡在不同的温度下，散发出来的气味也不同。只要我们细心观察和体会，就会发现各种各样的差别。

　　我们人类的头脑，在受到内外各种影响、干涉的同时，还能对各种各样的信息、信号进行精妙而且多样的解释。但是，这种解释并不是一成不变的，而是具有一定的"偏差"的。这种现象，才让我们人类不同于机器，也让每个人都是独特的个体，具有不同的特点。

　　可见，我们人类的"感"充满了无穷的魅力，如果不把"感"发挥好，岂不是太可惜了。能否让自己的人生丰富多彩，就看怎么使用自己的"感"。"感"也是我们发挥创造力的重要基础。

　　我个人认为，艺术就是想方设法用各种各样的手段来表达抽象的"感"的世界。一百个艺术家就有一百种"感"。有的时候，他们的"感"会产生共鸣，有的时候，也会产生不协调感。要想用"感"来激发创造力，我们首先应该关注自己的"感"，拥抱自己的"感"。

提高创造力的提示 7

认真体味自己的感情、感觉

    岛叶皮质负责监测我们自己的感情、感觉。在创造活动中，岛叶皮质也会发挥重要作用。所以，我建议大家在平时多关注自己的感情、感觉。经过长期的积累，当我们深入了解了自己的感情、感觉时，创造力水平一定会上一个台阶。为此，我们要学会和内心对话，拥抱自己的感情、感觉。

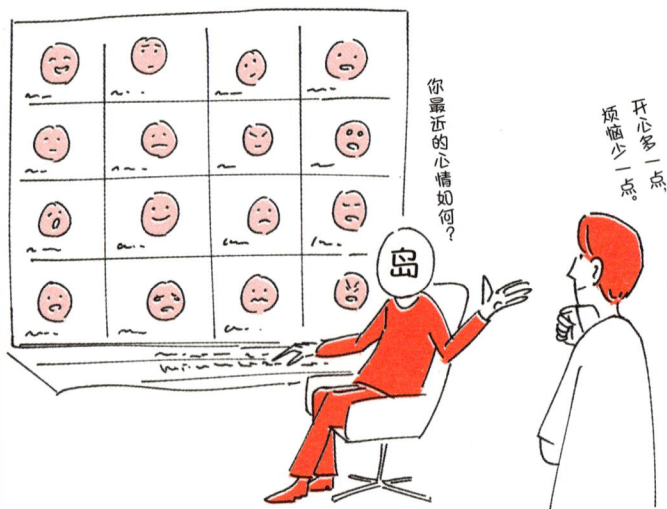

● 违和感对于创造力的重要性

突显网络的另一个重要大脑区域是位于后扣带回（PCC）前侧的前扣带回（ACC）。其实，前扣带回，前面已经多次登场了。前扣带回的主要任务是探测错误。寻找别人的错误、发现自己的错误，都会用到前扣带回的机能。另外，当我们思考、想象的时候，前扣带回也会工作。当默认模式网络开启，突显网络开始关注内心的感情、感觉时，前扣带回也会开始工作。

前一小节介绍了岛叶皮质的作用，岛叶皮质的中央部位会和前扣带回进行联系。它们的联动，会对头脑处理的信息与自身关于"感"的记忆进行比照，并在此基础上寻找错误。但是，关于探测错误的机能，前扣带回不会以语言的形式清晰地告诉我们，而是让我们感觉到不太对劲，也就是让头脑感到异样、违和感。

不过，仅仅发现错误，还不能产生创造性的构思，还需要意识到默认模式网络正在处理的信息。为此，必须通过岛叶皮质对自己的"感"加以利用。在这种状态下，发现错误时，才能让头脑感觉到违和感。

从大脑机能的角度说，违和感对于新的构思和创意是非常重要的。不过，感觉到违和感，并不是一件令人愉快的事情。但也请大家记住，违和感是从过去积累的经验记忆中产生的。对于完全陌生的事物，我们是不会产生违和感的。

"这里不太对劲"，像这样可以用语言明确表达出来的错误，一定是显而易见的错误，任谁都能看得出来。遇到这样的错误，只要改正就可以了。但是，这样显而易见的错误，对于激发我们的创造力没有什么帮助。只有那些无法用语言清楚表达出来的错误，即所谓的违和感，才可能成为新构思、新创意的种子。可是，环顾周围，我们可以发现，似乎世人都不太重视违和感，甚至大多数人对违和感持否定态度。例如，在商务工作中，我感到了违和感，说一句"总感觉哪里不太对劲"，肯定会被领导批评："没有根据瞎感觉什么?!"多半也会遭到同事的嘲笑。

感觉到违和感，其实我们的头脑是有根据的。探寻这个根据，就有可能给我们带来新的灵感和创意。要想激发出新灵感或创意，需要我们全身心投入这个领域，深入地思考，并对内部的感情、反应进行持续的关注。如果能够找到违和感的本源，就可以用语言将其清晰地表达出来，或者用非语言的绘画、音乐等艺术形式展现出来。由此可见，违和感可能成为新想法的起点，是创造力的宝库。

提高创造力的提示 8

倾听自己的违和感

有的时候，我们的头脑会以非语言的形式处理对我们不利的信息，这种状况会以违和感的形式体现出来。思考这种违和感，找到根源，用语言清晰地表达出来，或者用非语言的艺术形式表现出来，就可以发挥创造力。

违和感是创造力的宝库

违和感一般都是无法用语言准确表达的，充其量是一种"知道不对劲，但不知道到底哪里不对劲"的感觉。产生这种感觉，想向别人表达的时候，多半会被对方泼冷水"说不清楚就不要说了"。实际上，这种"说不清楚"的感觉，蕴含着丰富的创意和灵感。

● 将新创意变成价值的能力

前面讲过，前扣带回具有探测错误的能力，但是，一听到错误这个词，估计大多数朋友想到的都是负面的内容。实际上，对头脑来说，"错误"不仅包含"与以前保存的信息（记忆）不同的信息"，还包含"全新的、陌生的信息"。因此，对于那些自己完全不知道的新事物、新想法，因为找不到记忆中的参照物，我们很容易对它们做出否定的判断。

对于新事物、新想法的"错误检测"，对培养创造力来说，非常重要。我们人类的头脑不可能对所有信息都去关注，甚至可以说，我们头脑关注的信息非常有限。我们会把以前体验过、学习过的记忆作为基础，对眼前的信息加以判断，或者说用以前存储的记忆，去"套"眼前的信息，甚至会误导自己，让自己误以为知道眼前的信息。因为有这样的认知倾向，本来全新的信息，有的时候我们可能感觉它并不新。

对于浅显易懂的新事物，可能任何人都会做出反应，但对于相对深奥一点的新事物，也许就有不少人难以做出积极的反应。但是，对于相对深奥的新事物，也能做出反应，是培养创造力的重要一环。不过，被动地等待新事物的出现，无法帮我们获得反应能力，只有主动发现新事物，才能锻炼自己对新事物产生反应的能力。

在研究和创作活动中，经常需要无数次重复相同的工作。一些人认为总是重复相同的工作，实在太无聊。也有一些人，会主动在重复的工作中寻找新的发现。您觉得，以上两种人，谁的创造力更高一些？答案当然是后者——愿意主动发现新事物的人。其实，不仅仅是个人，整个社会的创新，也是在不断重复的工作中一点点发现新的启示、假说，然后才变为现实的。

图34就形象地展示了上述两种人的差异。

人在长时间反复从事一项工作的过程中，这项工作的过程就变成了长期记忆，头脑处理相关信息的效率也就提高了。结果，头脑处理相关信息的效率提高了，就有余力来处理其他信息了。

不过，头脑处理信息是需要消耗能量的。而长期反复处理同样的信息，利用能量的效率就会提高，人就会变得轻松，头脑也就有余力去处理其他信息。但是，在这种情况下，去学习新知识、

图34　创造力与"偏见化"

专业厨师只需要一把菜刀。

菜刀和新工具结合起来，可以创造出新的菜品。

创造新想法，需要消耗大量的能量，给头脑带来负担。因此，在很多情况下，人更愿意坚持自己已有的习惯、技术、想法，因为这样更轻松。

但长此以往，我们的头脑就走上一条与创造力背道而驰的路——"偏见化"。走上"偏见化"道路的头脑，就会倾向于只处理自己熟悉的、习惯的信息。对于其他的想法、做法，常会将其判断为错误的，从而产生反感、拒绝的心理。在这种情况下，创新的种子是不可能发芽的，因为自己之前确立的想法、做法，已经形成了牢固或者说顽固的神经回路。

其实，为了发挥创造力，牢固的神经回路还是有用的，我们还是要珍惜头脑中牢固的神经回路。不过，在珍惜牢固神经回路的同时，还要让固有的神经回路与学习新事物的神经回路联系起来，要尽量让神经细胞的突触之间发生更加广泛的联系，形成更大的网络。只有这样，才能避免陷入因循守旧的不良循环，才可能发现新事物，产生新想法。

我们头脑中已经建立起来的牢固的神经回路，利用能量的效率是很高的，换句话说，是很节能的。如果能把学习新事物的神经回路与旧有的神经回路结合起来，我们从零到一学习新事物的效率也会很高。这样一来，我们的感觉、感情就会变得很敏锐，从而容易发现内外的违和感，使我们创造出新事物、产生新想法的可能性大大提高。

平时就要注意保持对新事物的高度敏锐性，这种状态对于培养创造力非常重要。为此，我们要积极主动地去发现新事物、接触新刺激，在头脑中反复回味接触到的新刺激，把这当作创新的起点，并将新刺激与大脑既存的信息组合起来进行思考。另外，还要培养自己在平淡无奇的日常生活中发现新事物的眼光，不要被已经确定的牢固神经回路束缚在狭窄的思维方式中。

提高创造力的提示 9

发现新事物

在平淡无奇的日常生活中，在墨守成规的工作中，一切看似毫无新意，其实只是创新的要素在沉睡。我们不仅要不断接触新刺激，以提高敏锐度，还要训练自己主动发现新事物的能力。

● 加深对"感"的认知

进入我们头脑的信息，会由以后扣带回为中心的默认模式网络进行处理，由此产生的感情、感觉（包括违和感等）的表露，则由突显网络进行处理，这时我们才会意识到自己产生了这样的感情、感觉，随后，我们的注意力才能集中到这些"感"的信息上。

萦绕在头脑中的"感"，没有明确的"抓手"，也无法用语言进行描述，所以不容易保留在头脑中，很快就会被我们遗忘。因此，当我们意识到"感"的出现时，应该有意识地去探究这些"感"从何而来，这样才能通过工作记忆将"感"的信息保留在头脑中。

经过突显网络处理过的信息，被传送到中央执行网络的背外侧前额叶，然后背外侧前额叶使用自上而下的思考机能处理信息。总结一下，**由感情、感觉带来的信息，被保存在头脑中，然后 dlPFC 对这些信息进行自上而下的思考、分析。**

这个过程，并不是单纯的自上而下的思考。感情、感觉是由默认模式网络以自下而上的思考获得的，现在由中央执行网络对其进行自上而下的思考。这个过程与直接进行自上而下的思考有着本质的区别。可以说，经由默认模式网络的思考方式更加高级。如果是从自上而下的思考开始，则头脑只能处理主观想要思考的范围内的信息，也就是说，思考的宽度比较狭窄。

当然，如果能够客观地认识到主动自上而下思考的局限性，我们也可以能动地跳出以往思维模式的框架，进行逆向思考或思考背后的信息。但是，只用理论化分析得到的世界观不能将这个世界中的一切都讲清楚。因此，跳脱出理论框架，将关注点集中于语言无法描述的感觉、感情等"感"的要素上，并有意识地促进其无意识化，对发挥创造力来说，尤为重要。

背外侧前额叶的另一个重要功能是，发现我们的偏见（自己认为理所当然的事情），并以违和感的形式让我们感觉到，从而提高我们认知的包容性。不知不觉间，我们的思想中会建立一些自认为正确的观点，或者自己坚持的价值，但背外侧前额叶会对我们的这些固定思维（偏见）产生怀疑，并使我们以此为起点创造出新的思维方式，这和创造力直接相关。

一位著名的发明家曾经说过，他在搞创造发明的时候，会主动去见自己讨厌的人。他认为这对激发自己的灵感非常有帮助。自己讨厌的人，是和自己看法完全不同的人，或者处理信息的方式完全不同的人。表面上看起来，和自己讨厌的人见面，会给我们带来负面的回避、抗拒感情，但客观来讲，这样的会面可以让我们感到违和感，甚至打开新世界的大门，是一种难得的学习。通过与自己讨厌的人交锋，来激发自己的创作灵感，对我们普通人来说，可能是一个不太寻常的方法，而且门槛也比较高，但这至少给我们提供了一个激发灵感的思路。

关注自己的"感"，把注意力集中到"感"上，就可以将其短时间保存在头脑中。被短暂保存的"感"信息，这时会被其他大脑区域处理，也可能和大脑的其他信息产生联系，从而使产生新创意的概率大大提高。具体来讲，"感"信息可能被 rlPFC 以模式解析的形式进行处理，也可能被传送到负责大脑信息统合的部位角回（angular gyrus, AG）。

不管怎样，当我们察觉到"感"的存在时，不要让头脑仅仅停留在"察觉"的层面，而要启动背外侧前额叶，将"感"的信息表现出来。

提高创造力的提示 10

聚焦自己的感情、感觉

感情、感觉是新创意的种子，但它们只有"瞬间的生命"。为了将"感"的信息留存下来，并加以利用，我们需要时刻关注自己的感情、感觉，并把注意力的焦点放在它们上。

发现认知偏差（偏见），并善加利用

我们的头脑会不知不觉地建立一些自认为"理所当然"的认知观点。形成这种固定观念（或偏见），一方面可以加快我们处理信息的速度，另一方面也对创造性思维进行了限制。因此，发现自己的认知偏差，并将其打破，对于激发创造力大有裨益。

11

连续对不确定性事物发起挑战，是培养创造力的好方法

位于前额叶皮质前端的 rlPFC，与人类创造力的发挥存在密切的联系。科学家对它们之间的联系有着浓厚的兴趣，也对此开展了深入的研究。在第一、二章中，我们都讲到了这一部位的重要作用。

复述一遍，rlPFC 可以为我们提供毫无根据的自信，让我们保持积极乐观的状态，其效果就是让我们敢于挑战未知事物。这种挑战行为正是发挥创造力的有力证明。

我们的头脑只能保存过去体验过的记忆和前人经历过的案例，对于未知的事物，则会保持高度的警惕性。率先进行风险评估，也是我们维持生命不可缺少的能力。我们的头脑是理性的，会依据既存数据库中的信息进行判断，但当头脑把注意力聚焦在失败的原因和可能带来的危害时，我们就可能不敢去实施基于新假说、想象、妄想产生的创意。

在为创造力下定义的时候，我强调过，为了培养自己的创造力，不要纠结于别人的评价，应该专注于如何使用脑力创造出对自己而言有新价值的东西，这一点非常重要。在自己的头脑中，挑战自己认为有价值的新想法，随后可能激发出创造力。因为，发挥创造力可以说是自己和自己的战斗。

要想取得这场战斗的胜利，我们必须相信自己，坚信那些尚不成熟的想法、创意一定能成功。有足够的把握而产生自信，这固然是一种很重要的能力，但这种自信不适用于未知的事物。而

且，有根据的想法、主意，肯定谈不上新颖，这样的自信对培养创造力没什么帮助。**真正意义上的新想法、新创意，反而是在没有足够的信息支持的情况下产生的。**为了提高创造能力，我们要在缺乏根据、缺乏必要信息的状况下，以坚定的信心去创造新想法、新创意，之后再努力为其寻找依据。

在这个过程中，对自己来说全新的、有价值的创意、想法会得到进一步分析、琢磨，结果以更加成熟的形式呈现出来。这个处理过程，可以说是创造程序中最重要的环节。而推动这个环节运转的动力，正是 rlPFC 对不确定性事物发起的价值探索。

锻炼 rlPFC 的能力，需要让自己不断接触新刺激，挑战未知事物，并战胜它们。这样的体验，让头脑学习到了"挑战带来的不安"以及"挑战带来的成长和希望"。

通常喜欢挑战的人创造力更强，原因就是这样的人头脑中更理解挑战的价值。对普通人来说，一提到挑战，首先会诱发头脑中的风险判断，最终勇于挑战的人并不多。因此，那些愿意不断挑战的人，就是因为头脑学习到了挑战的价值，知道挑战的好处。虽然无法保证每一次挑战都能成功，可能失败居多，但毫无疑问的是，挑战绝对会为我们的成长提供营养和材料。懂得挑战的价值，不断发起挑战的人，相应的大脑机能也得到了锻炼和强化，而这种机能对发挥创造力也大有帮助。所以，我建议大家永远不要停止对自己发起挑战。

面对不确定的事物，大部分人的第一反应是逃避。这种时候，我建议大家不要去想挑战失败的情况和原因，而把注意力聚焦在挑战成功的情况和原因上。**对于不确定的事物，我们有必要建立**

一套思维方式，在享受挑战的同时，还要找到成功的方法，让挑战走向成功。我们在每一次挑战中收获的经验，将成为我们对自己进行超认知的资料，头脑会把这种价值记忆进行模式化处理，以便日后使用这种模式处理信息。

提高创造力的提示 11

享受不确定性

探索不确定的事物、模糊的事物所具有的价值，是我们头脑的重要机能，而且，这种机能可以后天培养、提高。我们在日常生活中面对不确定、模糊的事物时产生的愉快体验、感情，可以强化这个大脑机能。在这种情况下，我建议大家不要用概率的观点，来为不确定、模糊的事物进行定量分析，而尽量以模糊的视角来看待它们，这样有助于激发创造力。

关注已经做好的部分和能做好的部分

对于已经做好的事情，我们不容易去关注它们，因为与期待值相差较小。也正因为如此，我们更应该去关注已经做好的部分。关注做不好的部分，是我们人类认知的常规模式，但我们应该反其道而行，不去关注做不好的部分，而是从已经做好和能够做好的部分搜寻有用的信息。

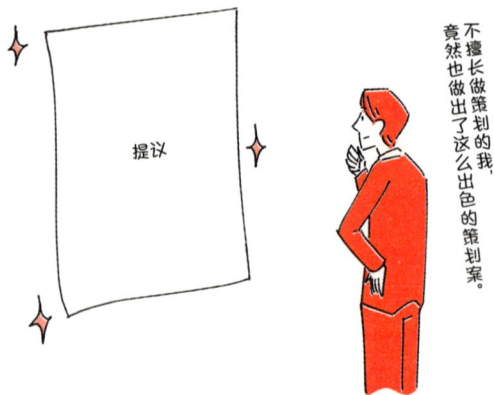

提议

不擅长做策划的我，竟然也做出了这么出色的策划案。

12

想象身体的状态是对创造力的强大支援

发挥创造力，需要多种大脑机能联合作用，缘上回[1]（supramarginal gyrus, SG）和中央后回[2]（postcentral gyrus, PG）就是其中两个重要的负责创造机能的大脑部位。

有位科学家在 2018 年发表论文，通过实验，研究了上述两个大脑部位的机能。他认为"创造性思维，大体可以分为两种"，这两种思维方式分别是如何使用头脑的呢？它们有什么不同呢？科学家在论文中进行了交代。

科学家研究了人想出原创型创意和想到有趣型创意时，用脑方式的差异。具体来讲，就是在"想出把帽子当灯罩使用的方法"和"想到在筹款活动中用帽子当装钱工具"的两个案例中，分别使用了哪些大脑机能。结果发现，在上述两种情况中，头脑表现出的最大差异就是缘上回和中央后回的活动情况有所不同。

当人"想出"原创型创意时，缘上回和中央后回处于活跃状态，而"想到"有趣型创意的时候，头脑的活动状态有所不同。但是，不管哪种情况，除缘上回和中央后回之外的其他大脑部位，比如，海马体，以及和默认模式网络相关的大脑部位，状态都是

---

1. 缘上回：大脑顶叶的一部分。担负与感觉神经进行联系的重要工作，可以对别人的肢体动作做出反应。在与他人进行沟通交流的过程中，缘上回发挥着重要作用。

2. 中央后回：大脑顶叶的一部分。虽然也担负与感觉神经进行联系的重要工作，但偏重处理全身的触觉信息。

一样的。因此，想出原创型创意的时候，可能经历了想到有趣型创意的程序，也就是说，它们之间是前者包含后者的关系。

那么，缘上回和中央后回都有哪些机能呢？如果能搞清楚这个问题，说不定就能找到激发新创意的方法。

科学家研究发现，缘上回有两种机能。一种机能是处理触觉信息、把握空间感、处理四肢的位置信息、处理别人的姿势和动作等信息。另一种机能是在观察别人的姿势、动作的同时，通过镜像神经元[1]来推测别人的心理、感情，或者和别人产生共情。科学家经常会举如下的实例来证明这一点，缘上回受到损伤的人，往往会变得非常自我，因为他们丧失了共情能力。

缘上回和中央后回都是和身体感觉相关的头脑部位。**我们在发挥创造力的时候，很有可能会先在头脑中模拟想象自己身体的状态、姿势、动作等，甚至还会模拟那个时候自己的感觉，以及别人的感情。**想象得越真实，就越有可能激发出更高的创造力。前面也介绍过一些实验，证明把未来想象得越鲜明、越详细，就越容易激发出创造力，也越容易将其变为现实（请参看第 273 页）。

---

1. 镜像神经元：当自己实施某一行为，或看到别人实施同样的行为时，镜像神经元都会被激活。这些神经元不仅会对行为的视觉特性做出反应，还会对行为的意图进行分析。对于理解别人行为的意义、意图，镜像神经元发挥了重要作用。

提高创造力的提示 12

身体动作伴随的想象

　　当头脑中产生一种新想法的时候，我们多半也会想象自己的身体做出相应的动作或产生相应的反应。所以，想象自己或身边人的动作，对于激发、培养创造力可能大有裨益。

13 创造力与大脑信息整合系统

前面多次讲过，在发挥创造力的过程中各个大脑部位所起的作用固然都很重要，但是，对我们发挥创造力影响最大、最直接的部位还要数角回（AG）。

2010年，有科学家进行了一项实验，他们对受试者进行了名为"创新成就问卷（Creative Achievement Questionnaire）"的调查，旨在调查受试者在人生中发挥创造力的经历。然后他们将调查结果与受试者脑部构造的发育程度进行相关性研究。结果发现，右角回表皮越厚的受试者，问卷调查的得分越高。也就是说，右角回越厚，受试者在人生中经历的创造性活动就越多，也可以反过来说，因为不断使用右角回，才会使其变得更加发达。

之所以角回会对我们的创造力有如此大的影响，是因为从解剖学角度看，角回和各个大脑部位都有联系，它担负着整合各种信息的责任。我把角回的三个主要作用总结如下：

（1）负责语言的解释。不仅是对语言进行字面意思的理解，更注重对语言周边信息的理解。就是说，角回主要负责理解语言的隐含意思，以及抽象的含义。

（2）角回是默认模式网络的核心系统的一部分。在近乎无意识的状态下，角回将各种各样的大脑信息进行排列，同时对其进行处理。

（3）角回就像一个"集线器"。感觉信息（视觉、听觉、触觉等）、记忆信息（含义、情节、感情等）、高级机能信息等，都会集中到角回进行处理。

　　由此可以看出，**我们在发挥创造力的时候，不仅会使用事实和数据信息，还会使用想象、感觉、感情、回忆、妄想、预测，甚至是错觉等要素。**即使物理界的发现只是一串数字的罗列，但在发现的过程中，我们可能获得了某种自然现象的启发，或者在头脑中已经对看不见的世界进行了影像化的想象。

　　我们人类的头脑有一个强大之处，就是可以把各种信息以"摇摆不定"的方式进行整合处理。所谓"摇摆不定"，就是充满不确定性、无法用语言准确描述的状态。但是，正是这种难以表达的部分，激发了我们求知的欲望，我们会一直研究它们，直到把它们清晰地表达出来，而这个时候，全新的创造物就诞生了。

　　锻炼角回的方法，是将各种各样的事物在头脑中联系起来。对艺术进行鉴赏，也可以锻炼角回。创造艺术要充分发挥角回的作用，而鉴赏艺术同样会用到角回。举个例子，大家在鉴赏画作的时候，可以把自己的过去、现在、未来与眼前的画作联系起来，尝试着去解释自己的感受，品味画作带给自己的感觉、感情，试着想象画家创作时的心情、心态和想法。

　　世界上的不少成功人士愿意花大价钱收藏名贵艺术品，原因之一可能就是这些艺术品可以锻炼他们的头脑。不断开拓进取、为我们打开新世界大门的伟人们，会在接受看不见的世界和充满不确定性的事物的同时奋勇前进。将不确定、模糊的事物可视化的能力，与艺术家创作艺术作品时使用的头脑方式如出一辙。因此，那些成功人士因为具备了较高的创造力，也更容易被高端的艺术品打动心扉，所以他们愿意花大价钱收藏这些艺术品。

通过鉴赏艺术品来锻炼角回，其实并不一定非得花钱。一件艺术品，并非一开始就是艺术品，而是被人评价为艺术品。我们具备了鉴赏艺术品的能力，才会把一件具有艺术价值的作品判断为艺术品。因此，我们可以使用适合自己的方法锻炼自己的头脑，使之具备艺术鉴赏力，然后去欣赏那些在自己心目中称得上艺术品的作品，不一定非得局限于世人公认的名贵艺术品。

名画也好，孩子的信手涂鸦也好，街头的海报也好，都可能成为您心中的艺术品。也不仅限于绘画、音乐、话剧等，艺术的种类多种多样，我们只需要将外界的信息与自己的身体、头脑连接起来，连接得越多，就越能锻炼角回的能力。其中有一个要点，就是先确认语言的界限性。

● 确认语言的界限性

在对比喻（隐喻）进行解释，或者自己作比喻的时候，要用到角回。因为如果不把各方面的信息进行整合，我们就无法理解比喻的意思。

请您阅读下面一段文字，然后尝试理解这段文字的隐喻。相信通过阅读这段文字，您就能理解人类语言的局限性了。

这个东西多以一种只有底面、没有顶面的圆柱体的形式呈现。它处于直立状态的话，内部会形成一个凹下去的空间。这是一个朝向重力中心的半封闭空间。它可以在地球引力的作用下，将一定量的液体，约束在这个空间内，防止其向外扩散。当这个空间里只充满空气的时候，我们称之为"空"。即使在"空"的状态下，我们也可以在光的作用下看到它的轮廓。不用秤称重，我们也知道它是有质量的。

读完之后，您可能完全不知道这是个什么东西，也可能已经猜到答案了。正确答案是"杯子"。这段话出自谷川俊太郎笔下（《对杯子的不可能接近》，选自《谷川俊太郎诗选集2》，集英社），他用一段话来描述杯子，但不使用"杯子"这个词。

阅读上面这段话的时候，您一定在头脑中进行了各种思考，这个时候就用到了角回。别着急，这篇文章还没完，请您继续往下读。

用手指弹这个东西，它会发生震动，发出声音。有的时候，弹这个东西，让它发出声音，会被当作一种暗号使用，也有人用它来演奏音乐。大多数情况下，弹它发出的声音，并没有什么用，只是给无聊的自己带来一种满足感罢了。它常被放在餐桌上，也会被人握在手中，偶尔还会从人的手中滑落。也有人故意把它摔碎，碎片甚至可以作为凶器使用。

但是，即使把它摔成碎片，也不能消灭它的存在。即使一瞬间地球上所有的这种东西都化作尘埃，我们还是没有办法逃离它。（以下略。）

当然，非要用这种形式来描述"杯子"，对一般人来说，还是挺困难的一件事。但是，这样的训练，对于增强角回的功能十分有效。

　　语言是一种非常便利的工具。把"杯子"用"杯子"表述出来，任谁都能轻松理解。但便利也有负面作用，那就是使用便利的语言可能删减无数的信息。也正因为如此，如果我们能排除语言的这种省略性，尝试全面地描述一种事物，就可以激活角回的功能，说不定可以找到新的表述方式，也可能给我们带来新的视角。

14

创造力与语言、非语言的信息处理

● 非语言信息处理占用了头脑的大半

　　人脑的信息处理对象可以分为四种，如下一页的图35所示。

　　图中横轴表示体内的信息或体外的信息，纵轴表示语言信息或非语言信息。在我们周围，当然有语言信息，但大部分都是非语言信息。如果细心观察，您会发现，我们周围环境中的文字并不多，多是的绘画、声音、表情等。

　　我们的头脑可以处理语言信息，这使我们可以根据意义记忆和情节记忆用语言来解释、思考抽象的事物。语言确实是一种重要的工具。不过，我们头脑中处理非语言信息的机能要更多一些，因为我们周围非语言的信息更多。

　　令人深感兴趣的是，接受一般教育的人，发育过程多会如图35显示的那样，呈现一个"U"形曲线。

　　婴儿刚出生的一段时间里，是完全不懂语言的，只能通过看人的表情、听人的声音来读取信息。婴儿会根据外界声音的高低进行判断，选择信息，也可以通过发出声音来表达意思。随着时间的流逝，婴儿不断成长，逐渐开始学习语言，此时开始能够接收来自外界的语言信息。再成长一段时间，孩子学会在头脑内处理语言信息，开始能够理解抽象的事物，并开始思考。大多数情况下，一般人发育到这里就停止了，但也有少数人可以发育至大脑处理非语言信息的境界。

　　我并不是说这种发育顺序一定是正确的，或者推荐这个发育

图 35　信息处理对象的分类

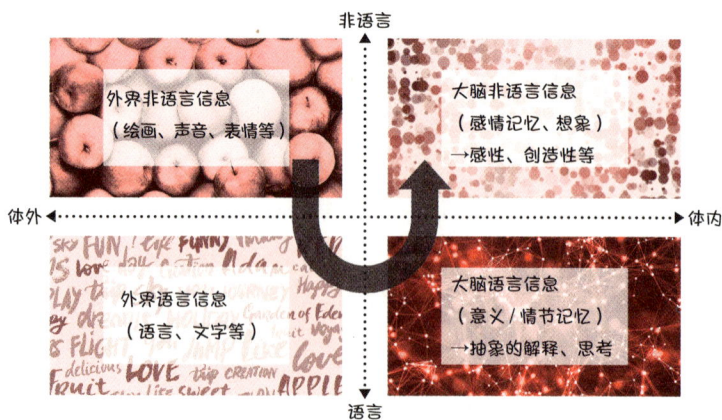

顺序。我只是客观表述世间的一般状况，大多数人都是按照这个顺序发育的。只有少数人，才能发挥至大脑处理非语言信息的境界。也正因为如此，如果我们能让自己达到大脑处理非语言信息的境界，并充分理解头脑的这种功能，说不定能给自己带来更多的可能性。

从解剖学的角度来说，人脑处理非语言信息的功能占压倒性多数。在神经科学领域，对我们头脑中保存的记忆进行了分类，分类方式如下页图 36 所示。

　　请看下图中的长期记忆，长期记忆可以分为陈述记忆和非陈述记忆。其中，陈述记忆是可以用语言表达的记忆，只包含意义记忆和情节记忆，除这两种记忆之外，其他的长期记忆都是难以

图 **36** 头脑中记忆的分类

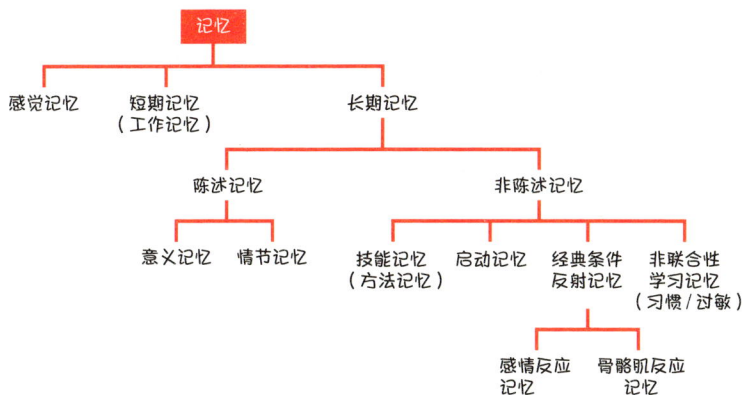

用语言描述的非陈述记忆。

例如，技能（方法）记忆，某种技能或运动，是难以用语言表达清楚的。

"请用语言描述一下骑自行车的技能。"

您可以挑战一下，尝试用语言描述骑自行车的技能。您可以先回想自己骑自行车时手脚处于什么状态，为了保持平衡，该如何控制身体重心，等等。对会骑自行车的人来说，回想如何骑车很容易，但要用语言将其清楚地表达出来，恐怕就不容易了。

由此可见，在我们头脑中，与语言性信息处理机能和记忆相比，非语言性信息处理机能和记忆要多得多。所以，我们应该更加重视非语言性信息处理机能。不要因为非语言信息比较模糊、混沌，就忽视它们，反而应该重视它们，主动拥抱它们、感受它们。在理解语言局限性的基础上，努力尝试用语言来描述非语言信息。这样一来，我们就可以摆脱"一切必须用语言清晰描述出来才能理解"的狭隘世界，进入一个更加宽广的新世界，这正是发挥创造力的重要基础。

● 使用语言之外的工具解除"语言偏见"

还记得前面描述"杯子"的那段话吗？对于周围常见的事物，我们容易用一种"理所当然的话语"来表达，可能这种理所当然的话语，比如，"杯子"，让我们错过了有关"杯子"这个物体的无数信息。在训练自己创造性头脑的时候，我们可以排除理所当然的话语，用其他话语来描述这种事物，这是锻炼角回功能的好方法。当然，除了语言之外，也可以使用绘画、音乐等各种形式来表现事物。

谷川俊太郎先生对于他自己的诗集，还专门写过一段话：

在这部诗集中，我想给各种事物下"定义"，可是结果发现，想要用语言对事物做出完全的定义，几乎是不可能的。本诗集中收录了一篇《通向我家的道路指引》，在这首诗中我努力用语言定义从南阿佐之谷到我家的路线，可是，按照这首诗中的指引来找我家的朋友，没有一个人到达我家，所有人都在半途迷路了。（摘自岩波书店官方网站电子书《定义》中的《本书内容》）

语言，给我们带来诸多方便，同时也让我们失去很多东西。语言，让我们忽略了周围的很多信息，而角回的一个重要功能就是搜索周围信息。同时，角回的机能与发挥创造力息息相关。从这个层面来说，消除"语言偏见"也是培养、提高创造力的方法之一。

用特定语言来表达事物，会对该事物的相关信息进行很大的损减。为了防止这种情况的发生，我们可以暂时放下事物的特定语言标签，然后使用角回的功能，探索该事物的所有信息。当我们使用隐喻、比喻来描述事物的时候，角回就处于非常活跃的状态。总而言之，请大家记住，杯子这种东西，除了"杯子"这个名字（语言标签）之外，还可以用很多方式来描述。

小孩子的语言，也许能给我们一点启发。

孩子小的时候，由于掌握的词语和句式少，所以经常会用一些让成年人意想不到的表达方式。

"我的腿，甜瓜汽水。"这是我3岁的外甥某天突然冒出的一句话。

对于这样一句话，您能想到什么呢？我是完全没有头绪。

后来经过和外甥耐心的交流，才发现他想表达的是：

"我的腿，麻了。"

一个3岁的孩子，还没有掌握表现"麻痹"状态的词语，但是，他能感觉到腿麻痹时有一种"针刺"般的痛感。而他以前喝甜瓜汽水的时候，喉咙也感受过这种"针刺"般的感觉。于是，他把二者联系起来，就用"甜瓜汽水"来表达"腿麻"的感觉。可以说，这是一种非常有创造力的表达方式。可见，小孩子还没有完全被语言的界限性束缚住，他们还可以天马行空地进行想象与联系。在这方面，我们何不向孩子学习呢？

提高创造力的提示 13

消除语言偏见

用特定语言来表达事物，会对该事物的相关信息进行很大的损减。为了防止这种情况的发生，我们可以暂时放下事物的特定语言标签，然后使用角回的功能，探索该事物的所有信息。当我们使用隐喻、比喻来描述事物的时候，角回就处于非常活跃的状态。我们可以用特定语言之外的形式，来表现这个事物。

15

发挥创造力时用不到的大脑机能

之前，我们一直在讲发挥创造力需要用到的大脑机能。接下来，我们再研究一下发挥创造力时用不到的大脑机能，其中之一就是处理视觉信息的枕叶的一部分。

● 将外界信息与既有价值观隔断

当头脑进行创造性工作的时候，我们的注意力应该避免受到外界信息的干扰，最好做到睁着眼睛却对外界视而不见的状态。

所以，有人说"创作的时候，最好闭上眼睛"，是有道理的。

不受外界信息干扰，专注于自己的内心，对发挥创造力来说，非常重要。

也有人说"发挥创造力只使用右脑。"

这种说法就有点偏颇了。因为发挥创造力的时候，会同时用到左右脑的机能，只用一侧的大脑是不可能产生创造力的。但是，当头脑发挥创造力的时候，左脑会进入不活跃状态，这也是事实。左脑负责理性思考、数据处理。当创造性大脑区域发挥作用的时候，负责理性思考、数据处理的大脑区域就会进入休息状态。

在已经被理论证明的事物上，不容易再发现创新性。而质疑现有理论，正是创新的第一步。处理数据时，需要进行要素分解、数值化，这些都是机械性的工作，也不存在太多创新的可能。

创造活动不是使用现有理论，是构筑新的理论；创造活动不是处理数据，而是思考如何处理数据。这样的工作，都不是靠左脑的理性思考和数据处理功能来完成的。所以，要想提高自己的创造力，就要学会质疑现有理论，还要学会思考如何处理数据。

另外，人在发挥创造力的时候，腹内侧前额叶（vmPFC）也会被暂停使用。腹内侧前额叶是保存价值记忆的地方。我们根据以前的体验，判断"什么是好的""什么是坏的"，之后这种"价值观"就被保存在腹内侧前额叶中。换一种说法，这里就是负责评价工作的大脑部位。因此，在我们创造新事物的时候，这个部位应该保持沉默，不去做出判断。有句话是"创造新事物的时候，请先抛弃既有价值观"，从神经科学的角度来看，这句话非常有道理。

提高创造力的提示 14

被暂时关闭的部分头脑

　　人在发挥创造力的时候，不要把注意力放在自己喜欢的事物、认为有价值的事物上，不要进行自上而下的价值判断，而应该关注自下而上的"莫名其妙"的快感和可能性。停止理性思考和数据处理。隔绝外界的信息，让关注自己内心的头脑机能处于易于工作的状态，这样才能保证创造的程序顺利进行下去。

这个有点意思……

16

提高自己的创造力，什么时候都不晚

到了本章的最后，在这里，我想再次跟大家强调一点，创造力并不是偶然的能力，也不是与生俱来的天赋，而是可以通过后天培养、锻炼得到的能力。

不过，读到这里，相信您已经清楚一点——创造力是多种大脑机能总动员的结果。要想通过统一的方法，提高所有人的创造力，是非常困难的。因为创造力受到个人经历的影响，每个人的经历都不同，他们头脑中保存的记忆也不一样。

但是，前扣带回、后扣带回、前额叶皮质、角回等与创造力息息相关的大脑部位的机能，都是可以通过后天训练得到加强的。头脑中的信息，就是创意的种子，而这些信息，即记忆，都是后天录入头脑的。至今为止，科学家也没有发现所谓的"创造力遗传因子"。不过，即使存在创造力遗传因子，如果后天不对相应的大脑部位进行锻炼，那么先天优越的大脑机能也是要退化的。

人的创造力，也受"Use it or lose it（用进废退）"原则的制约。所以，跟创造力有关的大脑机能越用越发达，不用就会逐渐退化。要想提高自己的创造力，就得不断锻炼相关的大脑机能，不断创造，除此之外别无他法。而且，世界上也不存在能让人的创造力短期内迅速提高的魔法。

不过，发挥创造力时，人脑的运转方式十分复杂，如果不懂其中的原理，只是一味埋头"创造"，恐怕也达不到提高创造力的效果。实际上，神经科学领域的专家在研究人类创造力的时候，也研究了提高创造力的方法。本书也介绍了人在发挥创造力的过程中，头脑运转的一些特点和规律。如果您能从中得到启发，把书中的理论、方法与自身的实际情况相结合进行实践，相信能够取得一定的效果。如果您真有收获，我将感到万分荣幸与欣慰！

有关创造力的一切，确实十分复杂。我们成年之后，要想提高自身的创造力，也许要消耗更多的大脑能量。但是，**在这个科技高速发展，不知明天走向何方的世界里，前路充满了挑战和可能性。在这个时代，如果能不断享受创造带来的乐趣，不也算是人生的一大幸事吗？**

在这个模糊、复杂、充满不确定性的时代，可以说创造力是一种不可或缺的能力。不依赖过去保存的数据，在现实生活的内外干涉中，闪现出新创意、新想法，是人脑与人工智能的重要区别。这也许是人类日后进化的方向。

对于人类的创造力这一复杂的现象，至今科学家们还没有完全解明。但是，在神经科学之前的研究成果中，蕴含了不少培养创造力的启示。只要大家以这些科研成果为理论基础，有意识地锻炼自己，就一定能在提高创造力方面取得满意的收获。

艺术的历史，几乎和人类生存的历史一样长。而且，艺术可能和人类根源性的欲求存在牢固的联系。艺术这种抽象存在，时而引起我们的共鸣，时而治愈我们受伤的内心，时而催我们奋进……总而言之，艺术给我们的头脑带来了各种整合信息的机会，欣赏艺术、创作艺术是锻炼我们头脑的好方法。

在神经科学领域，有一位无人不知的人物——埃里克·坎德尔。对于艺术，坎德尔有一段精辟的论述。最后，我想引用这段论述作为总结。

　　我们对艺术的反应，是对艺术家的创作过程——认知、情绪变化、共情的过程——在头脑中进行再现的过程，而且，这个再现过程产生于难以抑制的冲动。（略）从现实的角度来说，艺术并非人类生存所必需，但在所有时代、所有地点，所有人类群体都会创作图画，这恐怕就源自艺术家与鉴赏者双方的创造性冲动。艺术从本质上说，就是给人带来快乐的事情，是让创作者和鉴赏者进行交流，让双方共享这种具有人类特征的创造性过程所付出的有益努力。

　　（摘自埃里克·R.坎德尔《艺术·无意识·脑》，须田年生、须田尤利译，九夏社）

在本书的开头我就讲过，神经科学是一门比较新的学科，现在正在以指数级的速度高速发展。也就是说，在神经科学界，虽然还存在巨大的未知领域需要探索，但目前也有大量的新理论、新知识被发现。

关于人脑机能的运转原理，还有很多部分被称为"黑箱"，处于我们尚不了解的状态。但我坚信，随着神经科学的快速发展，"黑箱"的部分会越来越小、越来越透明。在不久的将来，科学家解开的人脑之谜，将极有可能给人类的幸福（well-being）和成长（学习）带来巨大的影响。

世界各国已经快速行动起来，争相把神经科学的研究成果应用于造福人类的实践当中。但在日本，对神经科学的一般应用才刚刚起步。读到这本书的朋友们，我希望你们站在神经科学研究的前沿，时刻竖起接收信息的天线，敏锐地捕捉最新研究成果，把人脑机能和人脑运转原理的最新发现，应用到自己的生活、工作中。

作为一名所谓的"神经元入侵者"，我也在神经科学领域不断钻研，发现了一些新的理论和观点。我在人工智能（AI）等信息处理领域，获得了不少专利许可。在我看来，今后人工智能处理信息的精度将不断提高，它们能做的事情也会越来越多。就像很多学者担心的那样，在不久的将来，一部分人类的工作将被人工智能代替。

在这个预测的基础上，未来将难免出现一场人类与人工智能的对决。正像本书中所讲的那样，我们人类的头脑对于新事物会保持较高的警惕性，容易做出消极的预测。由于人脑的这种思维特性，构想出人类与人工智能的对立，也是情理之中的事情。

但是，我在讲创造力的那一章中也说过，人脑与人工智能是完全不同的两种事物。人类是有机体，而人工智能是无机体。两者能做的事情也不一样。人工智能擅长在某个领域进行精确计算，但它不会像人类那样吃到好吃的食物感到愉快，也不会像人类那样即使画不好也爱画画。总之，人类能做的很多事情，人工智能是做不来的。所以，人类没有必要和人工智能对决。双方各有强项，也各有弱势，只有本着取长补短、相互融合的态度思考问题，才能更好地适应未来的世界。

在时代发生变革的时期，抵触、否定，甚至抱怨，很容易，但这对自己又有什么好处呢？只有在变化的环境中审时度势，吸收最新信息，然后改变自己，适应环境，从长远的角度看，才能实现进化。不管时代怎么变革，只有顺应变化，才能生存下来。从这个意义上说，因为每个人头脑中的记忆不同，每个人处理信息的方式不同，所以每个人的生活方式也不同。但要想在未来立于不败之地，就要靠与时俱进的眼光和因势利导的思维方式。

突如其来的新冠肺炎的流行，让时代陷入不安，这种不安还在延续。肉眼看不见的恐惧，让人们对很多事情都陷入消极的情绪。人类头脑的一个特征就是更容易关注风险和消极的事物。但是，在这种现状中，如何活用头脑的机能，找到新的希望和新的机会，也正是本书要向大家传递的重要信息。

新冠肺炎疫情今后将如何发展，我们不得而知。毫无疑问的是，以后肯定还会有未知的病毒，或突如其来的灾难降临人间。面对灾难时，我们是该逃避现实，把压力积累在心中艰难偷生，还是该接受现实，靠自己的力量寻找新的机会？这完全由我们使用头脑的方式来决定。

世间充满了各种消极的新闻、负面的消息，如果我们只关注这些消极信息，心中就会产生负面的压力，也会让自己的思维方式逐渐陷入消极，最终为自己打造出一副完美的"厌世"头脑。

为了防止自己陷入这种万劫不复的深渊，我们应该有意识地改变自己关注的方向，关注的内容改变后，头脑中的记忆也会随之改变。留意周围积极的信息，有意识地对积极信息做出反应，它们就会被刻在头脑中，形成新的积极记忆。即使身处极度困难的境地，只要有意关注积极的方面，哪怕是小小的成功，也会在心中埋下幸福的种子。所以，只要改变看世界的视角，改变使用头脑的方式，就可以让人生过得更加丰富多彩。

我在举办演讲活动的时候，经常有听众问我：

"您和您的 DAncing Einstein 公司是做什么的呢？"

我通常会回答：

"我自己也不太清楚。"

我做的事真的比较复杂，很难用简短的话语解释清楚。唯一能说的就是，我以神经科学为主轴，为人类的幸福（well-being）

和成长（学习）贡献自己的力量。仅此而已。

甚至可以说，我个人也好，我的公司也好，一直很重视一个主题，就是"保持混沌"。所谓"混沌"，就是不知在做什么的状态。我认为正是在混沌的状态中蕴含着各种各样的机会。

有人说，经营企业应该明确目标，然后集中火力去实现目标。确实，这样做也许能更快实现企业想做的事情。但是，我们想做的事情，是绝对无法靠这种方式实现的。

当然，我们也有自己的主轴，那就是神经科学。有了主轴，事业就不会出现大的偏差。但除了主轴之外，我们尽量让事业保持混沌状态。在混沌状态下，我们的各项事业之间看似毫无联系，但我相信，在 10 年或者 20 年后，它们没准就会融合到一起。之所以选择分散视野而不是集中火力，是因为我认为集中火力视野就会变得狭窄，做出的贡献自然也会比较小。

用更加通俗的话来讲，我们的混沌状态也可以理解为"半吊子"，就是任何事情都没有做好，一直在半路上。

在绝大多数情况下，"半吊子"是个贬义词，但我们想把"半吊子"发挥到极致。把 AI（人工智能）、BI（生物智能）和 RI（real intelligence）整合起来，一定能创造出很多了不起的可能性。我们想把每个领域都做到一定高度，同时把它们整合在一起，为社会做出独一无二的贡献。

我们为什么会有这样的雄心抱负？因为我们经常追问自己："到底想做什么？"我一直认为，如果是做自己不感兴趣的事情，那么不管多么努力，也无法发挥出自己最大的潜力。只有沉浸于自己真正想做的事，才能激发出原动力，即所谓的"多巴胺驱动"。

我想让更多的人投身于自己喜欢的事情，加速他们的学习、成长。

关于人类头脑的相关知识，我认为自己了解得并不比专家少。当然，在某一专业领域，肯定还是专家研究得更深入，但从多角度把握的视点来看，我自信比大脑科学专家了解得更宽广、更全面。我要把自己的优势、自己的研究成果，应用到改变世界的实践中去。

近年来，呼吁个人和企业多为社会做贡献的声音越来越高。这种呼声当然没有错，但若形成道德绑架，强迫别人做贡献，就有问题了。人被强迫做某事的时候所使用的头脑部位与自发做某事时完全不同，而且，这样会积累很多精神压力。

志愿者所做的工作，完全出于自发自愿。他们做自己喜欢做的事情，同时帮助了别人，志愿者也好，被帮助的人也罢，双方都是开心愉快的。反过来，如果是被迫为别人做贡献，那么做贡献的人头脑中就会留下"都是为了你而做的"的记忆。于是，便会有意无意地期待对方的回报。如果没有收到对方的回报或者感谢之词，做贡献的人就会产生生气、愤怒等负面情绪，这种付出称不上纯粹的贡献。

所以，请大家更加重视"多巴胺驱动"的行为。

在自己喜欢的领域深入学习，并用学到的知识造福他人，这样，我们自己的人生岂不更快乐，也更丰富多彩吗？至少我就是秉持这样的态度，度过人生中的每一天。当然，在这个过程中我也经历了各种挫折。不过，我有很多"支持者"，比如，在神经科学中学到的知识，安慰鼓励我的家人、朋友，还有来自内心的声音，因为这些"支持者"的存在，才有了我的今天和今天的我。

最后，我要向那些为世界进步做出先驱性研究贡献的科学家，支持我的家人、朋友，以及对大脑科学充满兴趣的各位读者朋友，表示由衷的感谢！

这份谢意，发自我的内心！来自我的大脑！

青砥瑞人

2020 年 9 月

「BRAIN DRIVEN パフォーマンスが高まる脳の状態とは」（青砥 瑞人）

BRAIN DRIVEN Performance ga takamaru nouno zyoutaitowa

Copyright © 2020 by Mizuto Aoto

Illustrations © 2020 by Kotaro Takayanagi

Infographic © 2020 by Izumi Kishi

Original Japanese edition published by Discover 21, Inc., Tokyo, Japan

Simplified Chinese edition published by arrangement with Discover 21, Inc.

through Japan Creative Agency Inc., Tokyo.

著作权合同登记号：图字18-2021-312

图书在版编目（CIP）数据

原来每个人都说自己压力好大 /（日）青砥瑞人著；郭勇译.-- 长沙：湖南文艺出版社，2022.4

ISBN 978-7-5726-0630-4

I.①原… II.①青… ②郭… III.①情绪－自我控制－通俗读物 IV.①B842.6-49

中国版本图书馆CIP数据核字（2022）第038996号

上架建议：商业·成功励志

YUANLAI MEI GE REN DOU SHUO ZIJI YALI HAO DA
原来每个人都说自己压力好大

著　　者：[日]青砥瑞人
译　　者：郭　勇
出 版 人：曾赛丰
责任编辑：刘雪琳
监　　制：邢越超
策划编辑：李彩萍
特约编辑：张春萌
版权支持：金　哲
营销支持：文刀刀　周　茜
封面设计：利　锐
版式设计：风　筝
封面插图：有脑子和挺高兴（小红书）
出　　版：湖南文艺出版社
　　　　　（长沙市雨花区东二环一段508号　邮编：410014）
网　　址：www.hnwy.net
印　　刷：三河市中晟雅豪印务有限公司
经　　销：新华书店
开　　本：875mm×1230mm　1/32
字　　数：250千字
印　　张：10.75
版　　次：2022年4月第1版
印　　次：2022年4月第1次印刷
书　　号：ISBN 978-7-5726-0630-4
定　　价：56.00元

若有质量问题，请致电质量监督电话：010-59096394
团购电话：010-59320018